一元函数微积分

主编　张秋燕

重庆大学出版社

内容提要

本书是专科高等数学系列教材《一元函数微积分》《工程数学》之一.

本书结构清晰,概念准确,循序渐进,可读性强,便于教学,且能够启发和培养学生的自学能力.全书共6章,内容包括函数、极限与连续、导数与微分、导数的应用、不定积分、定积分、一元函数微积分数学实验.例题和习题的选取兼顾丰富性和层次性,同时适当介绍数学实验等相关知识.书末附有习题答案.

本书可作为独立学院、高职高专和成人教育学院专科各专业的教材或教学参考书.

图书在版编目(CIP)数据

一元函数微积分/张秋燕主编.—重庆:重庆大学出版社,2013.7(2021.8重印)

ISBN 978-7-5624-6772-4

Ⅰ.①一… Ⅱ.①张… Ⅲ.①微积分—高等职业教育—教材 Ⅳ.①O172

中国版本图书馆CIP数据核字(2013)第114744号

一元函数微积分

主编 张秋燕

责任编辑:李定群 版式设计:李定群

责任校对:秦巴达 责任印制:邱 瑶

*

重庆大学出版社出版发行

出版人:饶帮华

社址:重庆市沙坪坝区大学城西路21号

邮编:401331

电话:(023) 88617190 88617185(中小学)

传真:(023) 88617186 88617166

网址:http://www.cqup.com.cn

邮箱:fxk@cqup.com.cn(营销中心)

全国新华书店经销

POD:重庆新生代彩印技术有限公司

*

开本:720mm×960mm 1/16 印张:15 字数:235千

2013年8月第1版 2021年8月第5次印刷

ISBN 978-7-5624-6772-4 定价:40.00元

前 言

微积分(Calculus)是以极限为工具研究微分学、积分学和无穷级数的数学分支.它从生产技术和理论科学的需要中萌芽,创立于17世纪,是由英国伟大科学家牛顿(Newton)和德国数学家莱布尼兹(Leibniz)分别独立地创立的.它的创立,无论是对数学还是对其他科学以至于技术的发展都产生了巨大的影响.恩格斯曾指出:“在一切理论成就中,未必再有什么像17世纪下半叶微积分的发明那样被看作人类精神的最高胜利.”

本书是专科高等数学系列教材《一元函数微积分》《工程数学》之一.其内容包括函数与极限、导数与微分、中值定理与导数应用、不定积分、定积分、一元函数微积分数学实验.

本书具有如下特色:

1.内容编排上,重思路、重方法、重应用,删除了某些繁杂的理论证明过程,每一章都有一节专门加入了应用实例.

2.文体风格上,力求通俗易懂、直观简洁.一般从实际例子引入概念和理论,描述问题也简洁明确,便于学生阅读.

3.例题和习题的选取兼顾丰富性和层次性.按节配备了难度适中的习题,每章配有单元检测题,书后附有答案提示.

4.本书最后一章为一元函数微积分实验,搭建了数学成为“数学技术”的平台.以Matlab (7.0版)软件为工具,通过操作,可在计算机上完成函数作图、极限、导数、积分等运算,可解决一些简单的数学建模问题.暂时还不具备条件进行数学实验、数学建模的院校,可以省略这部分内容,这并不影响本书的系统性和完整性.

本书由张秋燕主编,第一章至第三章以及第六章由张秋燕老师编写;第四章至第五章由彭年斌老师主笔,张秋燕老师修订;全书由张秋燕老师统稿.

由于编者水平有限,书中难免有不足和不妥之处,恳请同行专家和读者不吝赐教,我们表示深深的感谢.

电子科技大学成都学院文理系

2013年4月于成都

目　录

第1章　函数、极限与连续

一元函数微积分学是以极限为工具研究一元函数的微分和积分.本章是一元函数微积分学的基础,介绍函数的基本概念、极限理论与函数的连续性.

1.1　函　数

1.1.1　集合

集合是现代数学的一个最基本的概念,数学的各个分支普遍运用集合的表示方法和符号.在中学阶段已经学习过集合的知识,现在把其中部分内容进行回顾.

(1)集合的概念

定义　具有某种特定性质的对象的总体称为**集合**,例如,某学校图书馆的藏书,方程 $x^2-4x+3=0$ 的实数解等,都分别构成一个集合.集合通常用大写字母 $A,B,C,\cdots$ 表示.

组成集合的对象称为集合的**元素**,元素通常用小写字母 $a,b,c,\cdots$ 表示.

若 a 是集合 A 的元素,记作“$a\in A$”,“读作 a 属于 A”;否则记作“$a\notin A$”(或 $a\overline{\in}A$),读作“a 不属于 A”.

(2)集合的表示法

集合的表示方法有列举法和描述法.

1)列举法

把集合中的元素一一列举出来,写在大括号{　}内,每个元素只写一次,不分次序.例如,小于10的正偶数构成的集合表示为 $A=\{2,4,6,8\}$;满足不等式

$|x+1|\leqslant 2$ 的所有整数构成的集合表示为 $B=\{-3,-2,-1,0,1\}$.

2)描述法

把集合中元素所具有的共同性质描述出来,写在大括号{ }内.例如,不等式 $|x+1|\leqslant 2$的所有实数解构成的集合表示为 $B=\{x\mid -3\leqslant x\leqslant 1,x\in\mathbf{R}\}$.

集合中的元素都是数时称为数集.常见的数集有自然数集 $\mathbf{N}$,整数集 $\mathbf{Z}$,有理数集 $\mathbf{Q}$,实数集 $\mathbf{R}$,正整数集 $\mathbf{N}^*$.

(3)区间

区间是高等数学中常用的实数集,分为有限区间和无限区间,具体定义如下:(设 a,b 为任意实数,且 $a<b$)

1)有限区间

开区间　$(a,b)=\{x\mid a<x<b,x\in\mathbf{R}\}$

闭区间　$[a,b]=\{x\mid a\leqslant x\leqslant b,x\in\mathbf{R}\}$

半开半闭区间　$[a,b)=\{x\mid a\leqslant x<b,x\in\mathbf{R}\}$　$(a,b]=\{x\mid a<x\leqslant b,x\in\mathbf{R}\}$

a,b 称为区间的端点,$b-a$ 称为区间的长度.

2)无限区间

$(a,+\infty)=\{x\mid x>a,x\in\mathbf{R}\}$　$[a,+\infty)=\{x\mid x\geqslant a,x\in\mathbf{R}\}$

$(-\infty,b)=\{x\mid x>b,x\in\mathbf{R}\}$　$(-\infty,b)=\{x\mid x<b,x\in\mathbf{R}\}$

$(-\infty,-\infty)=\{x\mid x\in\mathbf{R}\}$

(4)邻域

设 $x_0\in\mathbf{R}$,则 $\delta>0$,开区间 $(x_0-\delta,x_0+\delta)$ 称为点 x_0 的 δ **邻域**,记作 $U(x_0,\delta)$,即

$$U(x_0,\delta)=(x_0-\delta,x_0+\delta)$$

其中,x_0 称为**邻域中心**;δ 称为邻域半径.

从数轴上看,$U(x_0,\delta)$表示到点 x_0 的距离小于 δ 的点的集合,如图 1.1 所示.故有

$$U(x_0,\delta)=\{x\mid |x-x_0|<\delta\}=\{x\mid x_0-\delta<x<x_0+\delta\}$$

点 x_0 的 δ 邻域去掉中心 x_0 后,称为点 x_0 的去心 δ 邻域,如图 1.2 所示,记作 $\mathring{U}(x_0,\delta)$,因而有

$$\mathring{U}(x_0,\delta)=(x_0-\delta,x_0)\cup(x_0,x_0+\delta)=\{x\,|\,0<|x-x_0|<\delta\}$$

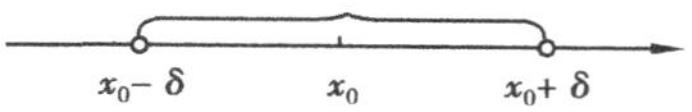

图 1.1

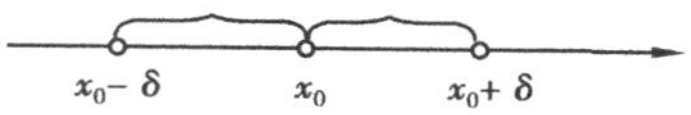

图 1.2

另外,把开区间$(x_0-\delta,x_0)$称为x_0的左δ邻域,把开区间$(x_0,x_0+\delta)$称为x_0的右δ邻域.

1.1.2　函数

在自然现象或实际问题中,通常会发生一个量随另一个量的变化而变化的情况,例如,物体运动时运行的路程S随时间t而改变;圆的面积A随半径r的改变而改变.将两个量之间的这种关系定义为函数关系.

(1)函数的概念

定义　设x,y是两个变量,数集$D\subseteq\mathbf{R}$且$D\neq\varnothing$,若$\forall x\in D$(“$\forall$”表示“任意的”),按照某种对应法则f,y都有确定的值与之对应,则称y为x的**函数**,记作$y=f(x),x\in D$.

自变量x的取值范围(数集D)称为函数的**定义域**,记作D_f.

若自变量在定义域内任取一个数值时,对应的函数值只有一个,则称函数为单值函数,否则称为多值函数.例如,$y=x+1$为单值函数;$y^2=x+1$为多值函数.在本书中若没有特殊说明,均指单值函数.

由函数定义知,对D_f中任意给定的数值x_0,y都有确定的值y_0与之对应,称y_0为函数$y=f(x)$在x_0处的函数值,记作$f(x_0)$.

函数值的全体构成的集合称为函数$y=f(x)$的**值域**,记作R_f,即

$$R_f=\left\{y\ \middle|\ y=f(x),x\in D_f\right\}$$

若两个函数的定义域和对应法则分别相同,则这两个函数为相同的函数(此时值域必定相同).例如,函数$y=|x|$与$y=\sqrt{x^2}$是相同的函数;而$y=x+1$与$y=\dfrac{x^2-1}{x-1}$是不同的函数,因为$y=x+1$的定义域为实数集$\mathbf{R}$,而函数$y=\dfrac{x^2-1}{x-1}$的定

义域为$\{x \mid x\neq1\}$，因为定义域不同，所以是不同的函数.

例 1.1　设函数 $f(x)=x+\frac{1}{x}$.求 $f(1)$，$f\left(\frac{1}{x}\right)$.

解
$$f(1)=1+\frac{1}{1}=2,$$
$$f\left(\frac{1}{x}\right)=\frac{1}{x}+\frac{1}{\frac{1}{x}}=x+\frac{1}{x}.$$

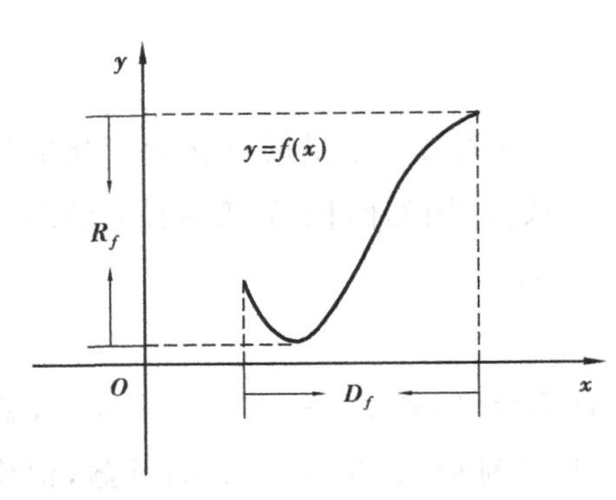

图 1.3

设函数 $y=f(x)$的定义域为 D_f，取定一个 $x_0\in D_f$，就有一个对应的 y_0，由 x_0，y_0 构成的一组实数对(x_0,y_0)对应 xOy 平面上的一个点.当 x 取遍 D_f 上所有值时，得到 xOy 平面上的点集 M 为
$$M=\{(x,y)\mid y=f(x),x\in D_f\}$$
点集 M 称为函数 $y=f(x)$的**图像**(或图形).图像 M 在 x 轴上的垂直投影点集就是 D_f，在 y 轴上的垂直投影点集就是 R_f，如图 1.3 所示.

若一个函数在自变量的不同取值范围内有不同的对应法则，则称该函数为**分段函数**.

下面举几个分段函数的例子.

例 1.2　符号函数
$$y=\operatorname{sgn}(x)=\begin{cases}1 & x>0\\ 0 & x=0\\ -1 & x<0\end{cases}$$
其定义域 $D_f=\mathbf{R}$，值域 $R_f=\{-1,0,1\}$，如图 1.4 所示.

对 $\forall x\in\mathbf{R}$，有
$$x=\operatorname{sgn}x\cdot|x|$$

例 1.3　取整函数

$$y=[x]=n, n\leqslant x<n+1, n\in\mathbf{Z}$$

对任意实数 x，$[x]$表示不超过 x 的最大整数，其定义域 $D_f=\mathbf{R}$，值域 $R_f=\mathbf{Z}$，如图 1.5 所示，$[0.2]=0$，$[-3.1]=-4$，$[5]=5$.

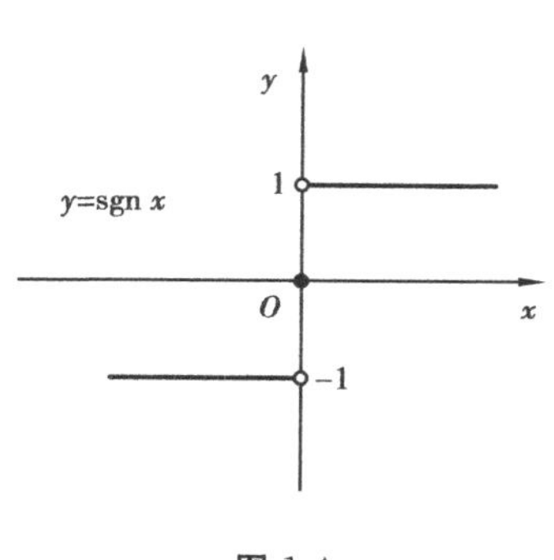

图 1.4

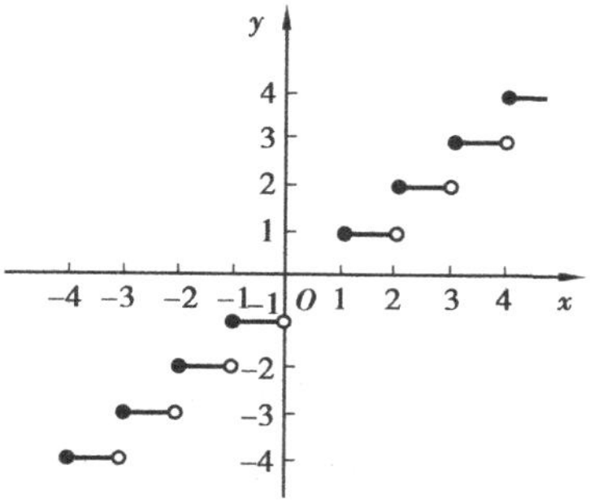

图 1.5

例 1.4　函数

$$y=\begin{cases}x^2 & x\leqslant 0\\ x+1 & x>0\end{cases}$$

定义域 $D_f=\mathbf{R}$，值域 $R_f=[0,+\infty)$，如图 1.6 所示.

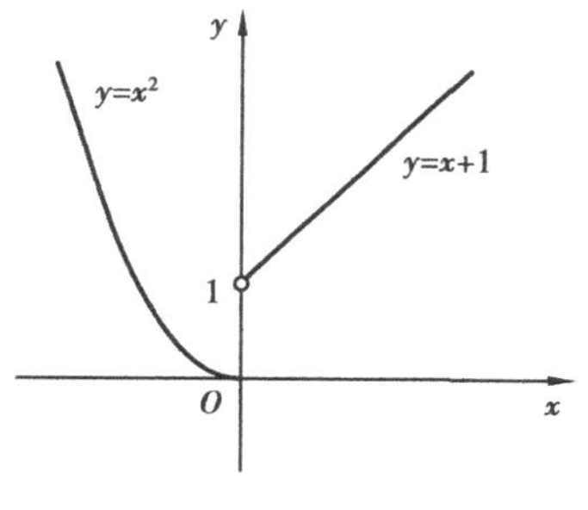

图 1.6

(2)函数的几种特性

1)奇偶性

定义　设函数 $y=f(x)$的定义域 D_f 关于原点对称.若对 $\forall x\in D_f$，有 $f(-x)=-f(x)$　$(f(-x)=f(x))$，则称 $y=f(x)$为**奇函数(偶函数)**.

例如，$f(x)=x^2$ 为偶函数；$f(x)=x$ 为奇函数；$f(x)=x+x^2$ 既不是奇函数也不是偶函数.

由奇函数定义知，奇函数图像关于原点对称(见图 1.7)，偶函数图像关于 y 轴对称(见图 1.8).

2)单调性

定义　设函数 $y=f(x)$的定义域为 D_f，如果 $\forall x_1<x_2\in I\subseteq D_f$，都有

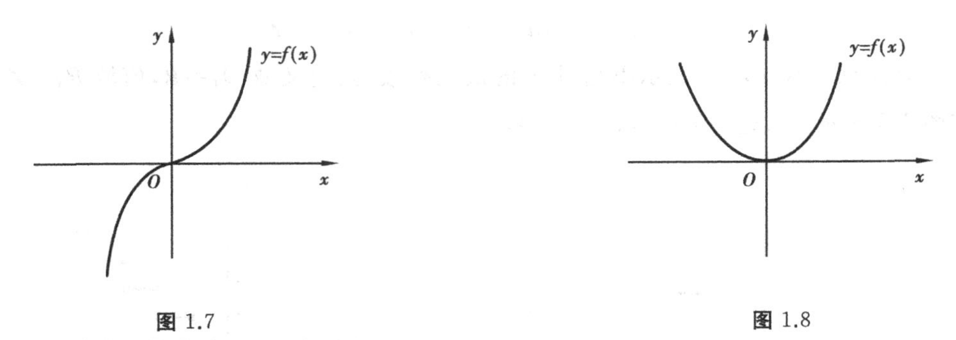

图 1.7　　图 1.8

$$f(x_1) < f(x_2)(f(x_1) > f(x_2))$$

则称函数 $y=f(x)$在区间 I 上单调增加(单调减少).单调增加函数的图像沿 x 轴正向上升,单调减少函数的图像沿 x 轴正向下降,如图 1.9、图 1.10 所示.

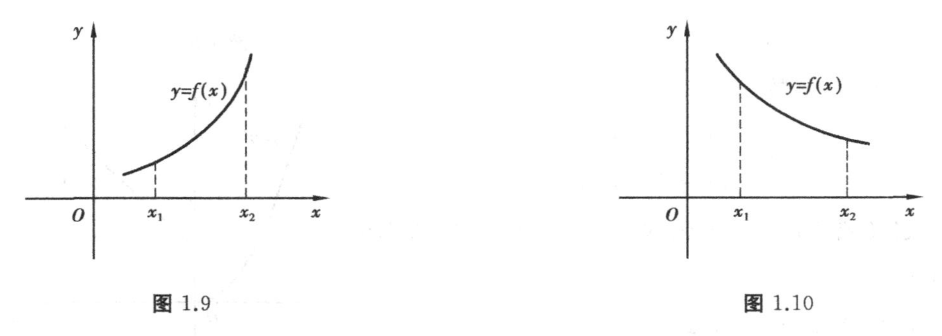

图 1.9　　图 1.10

3)有界性

定义　设函数 $y=f(x)$的定义域为 D_f,$I \subseteq D_f$,如果存在正数 M,使 $\forall x \in I$,都有$|f(x)| \leqslant M$,则称函数 $y=f(x)$在区间 I 上**有界**.相反地,如果对任何正数 M,总存在 $x_0 \in I$,使$|f(x_0)| > M$,则称函数 $y=f(x)$在区间 I 上**无界**.

由绝对值不等式知,$|f(x)| \leqslant M$ 等价于$-M \leqslant f(x) \leqslant M$,因此当函数 $y=f(x)$在区间 I 上有界时,函数 $y=f(x)$在区间 I 上的图像必介于直线 $y=M$ 和 $y=-M$ 之间,如图 1.11 所示.

注:考虑函数的有界性时,不但要注意函数本身的特点,还要注意自变量的取值范围.如函数 $y=\dfrac{1}{x}$在$(0,+\infty)$上无界,但在$(1,2)$上有界.

如果存在常数 M(不一定是正数),使对$\forall x \in I$,总有 $f(x) \leqslant M$,则称 $f(x)$在

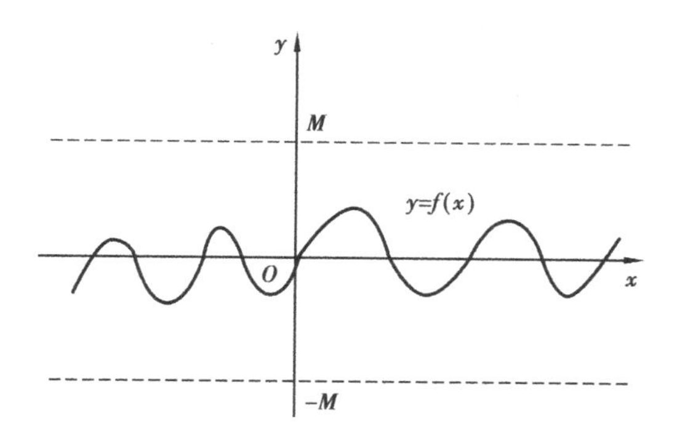

图 1.11

I 上有上界，且称 M 为 $f(x)$ 在 I 上的一个上界.易知，任何大于 M 的数均是 $f(x)$ 在 I 上的上界；同样的，如果存在常数 m，使对 $\forall x \in I$，总有 $f(x) \geqslant m$，则称 $f(x)$ 在 I 上有下界，且称 m 为 $f(x)$ 在 I 上的一个下界.易知，任何小于 m 的数均是 $f(x)$ 在 I 上的下界.

4)周期性

定义　设函数 $y=f(x)$ 的定义域为 D_f，如果存在一个正数 T，使 $\forall x \in D_f$，有 $f(x \pm T)=f(x)$ 恒成立，称函数 $f(x)$ 为**周期函数**，称 T 为 $f(x)$ 的一个**周期**.

显然，若 T 为函数 $f(x)$ 的一个周期，则 $kT(k=\pm 1, \pm 2, \pm 3, \cdots)$ 也是函数 $f(x)$ 的周期.通常将最小正周期称为函数的周期.

例如，函数 $\sin x, \cos x$ 的周期为 2π；$\tan x, \cot x$ 的周期为 π.

1.1.3　反函数

设函数 $y=f(x)$ 的定义域为 D_f，值域为 R_f.因为 R_f 是由函数值组成的数集，所以对每一个 $y_0 \in R_f$，必定有 $x_0 \in D_f$，使 $f(x_0)=y_0$，但这样的 x_0 可能不止一个，如图 1.12 所示.

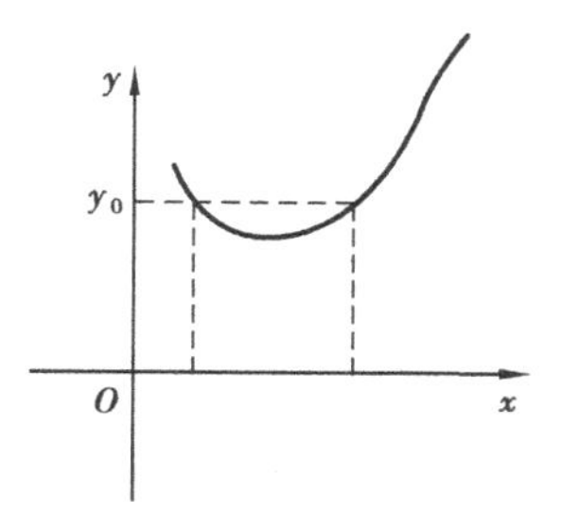

图 1.12

定义　设函数 $y=f(x)$ 的定义域为 D_f，值域为 R_f.若 $\forall y \in R_f$，D_f 中有唯一的 x 与之对应，使得 $f(x)=y$，则得到一个以 y 为自变量的函数，称为

$y=f(x)$的**反函数**，记作$x=f^{-1}(y)$，其定义域为R_f，域值为D_f.由于习惯上自变量用x表示，故将$y=f(x)$的反函数记作$y=f^{-1}(x)$.而且，函数$y=f(x)$，$x\in D_f$与反函数$y=f^{-1}(x)$，$x\in R_f$的图像关于直线$y=x$对称，如图1.14所示.

并非所有函数都存在反函数.但单调函数一定存在反函数，且有如下定理.

定理　若对$\forall x\in D_f$，$y=f(x)$是单调增加(减少)函数，则它一定存在反函数$y=f^{-1}(x)$，$x\in R_f$且该反函数与$y=f(x)$具有同样的单调性.

1.1.4　基本初等函数

以前已经学习过幂函数、指数函数、对数函数、三角函数、反三角函数5种函数，今后接触的函数大部分是它们经过某种运算得到的，现将这5种函数简单总结如下：

(1)幂函数

定义　形如$y=x^a$(a是常数)的函数称为**幂函数**.其定义域视a的值而定.$y=x^a$中，$a=1,2,3,\frac{1}{2},-1$是最常见的幂函数，图像如图1.13所示.

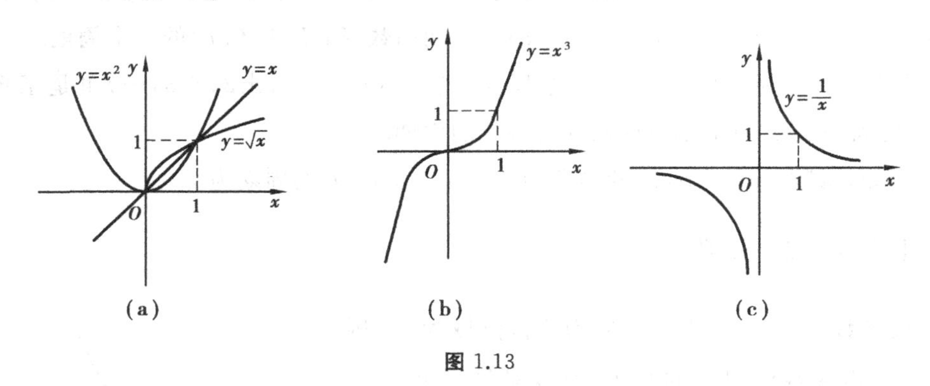

图 1.13

(2)指数函数

定义　形如$y=a^x$($a>0$，$a\neq 1$)的函数称为**指数函数**.其定义域为实数集$\mathbf{R}$，值域为$\mathbf{R}^+$.图像经过(0,1)点.

$a>1$时，函数$y=a^x$单调增加；$0<a<1$时，函数$y=a^x$单调减少，如图1.14所示.

(3)对数函数

定义　形如 $y=\log_a x\,(a>0,a\neq1)$ 的函数称为**对数函数**.其定义域为 $\mathbf{R}^+$,值域为 $\mathbf{R}$,图像经过(1.0)点.

对数函数 $y=\log_a x\,(a>0,a\neq1)$ 与指数函数 $y=a^x\,(a>0,a\neq1)$ 互为反函数.

$a>1$ 时,函数 $y=\log_a x$ 单调增加;$0<a<1$ 时,函数 $y=\log_a x$ 单调减少,如图1.15所示.

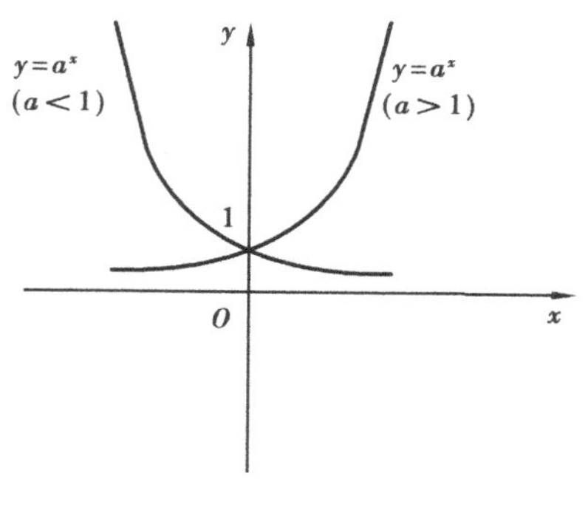

图 1.14

以无理数 e 为底的对数函数,称为自然对

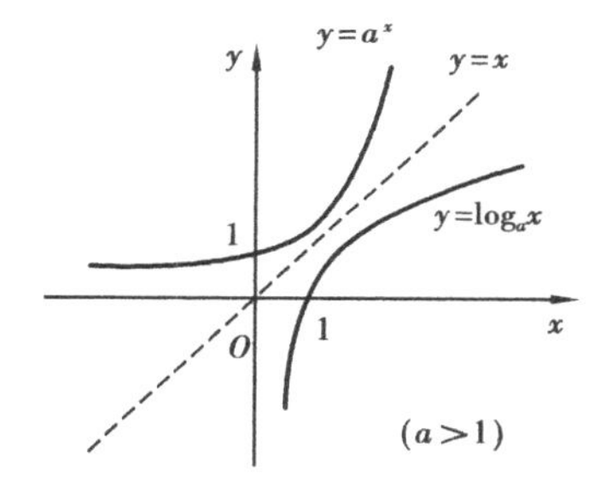

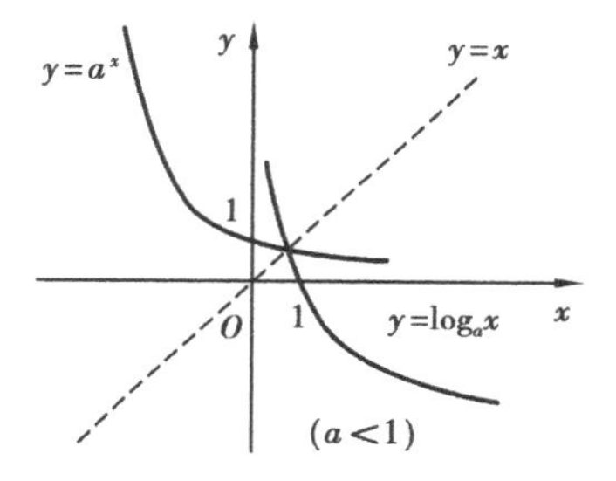

图 1.15

数函数,记作 $y=\ln x$.

(4)三角函数

常用的三角函数有正弦函数、余弦函数、正切函数和余切函数.

1)正弦函数

$y=\sin x,x\in(-\infty,+\infty)$是周期为 2π 的函数.$\forall x\in(-\infty,+\infty),|\sin x|\leqslant1$,如图1.16所示.

2)余弦函数

$y=\cos x,x\in(-\infty,+\infty)$是周期为 2π 的函数.$\forall x\in(-\infty,+\infty),|\cos x|\leqslant1$,如图1.17所示.

3)正切函数

$y=\tan x,x\neq k\pi+\dfrac{\pi}{2},k\in\mathbf{Z}$ 是周期为 π 的函数,如图1.18所示.

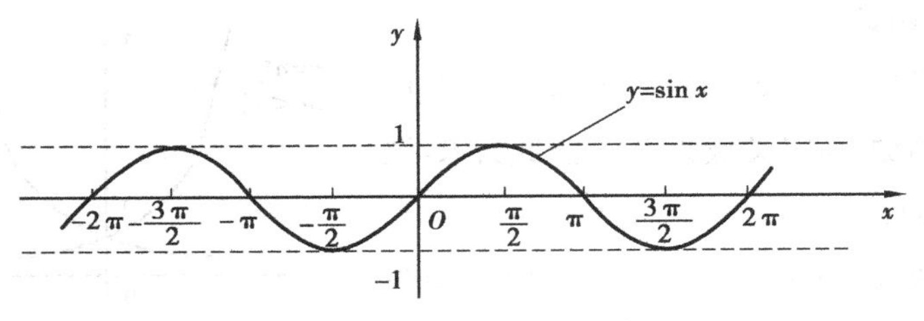

图 1.16

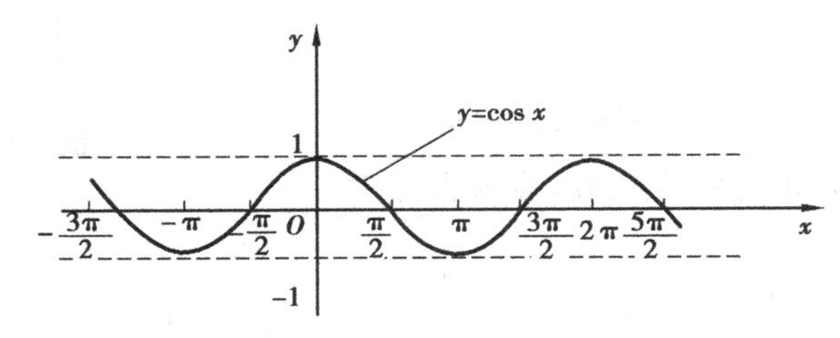

图 1.17

4)余切函数

$y=\cot x, x\neq k\pi, k\in \mathbf{Z}$ 是周期为 π 的函数,如图 1.19 所示.

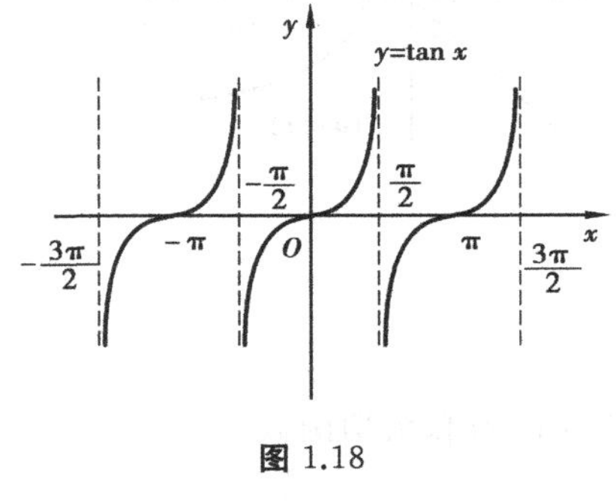

图 1.18

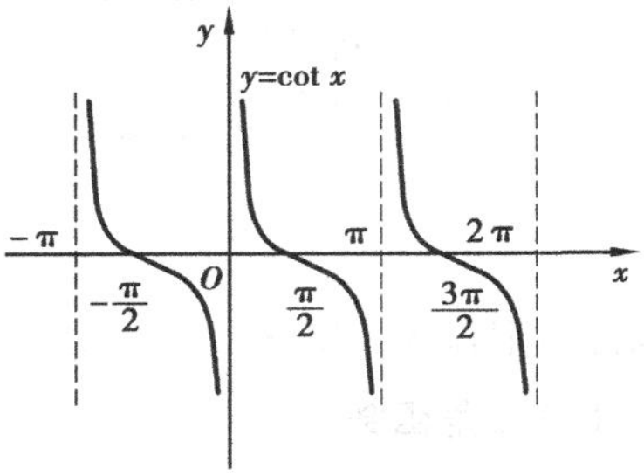

图 1.19

三角函数中还有正割函数 $y=\sec x$ 和余割函数 $y=\csc x$,其中

$$\sec x=\frac{1}{\cos x}\qquad \csc x=\frac{1}{\sin x}$$

(5)反三角函数

1)反正弦函数

正弦函数 $y=\sin x$ 在 $\left(-\frac{\pi}{2},\frac{\pi}{2}\right)$ 上的反函数称为反正弦函数,记作 $y=\arcsin x$,其定义域为$[-1,1]$,值域为$\left(-\frac{\pi}{2},\frac{\pi}{2}\right)$,图像如图 1.20 所示.

2)反余弦函数

余弦函数 $y=\cos x$ 在$[0,\pi]$上的反函数称为反余弦函数,记作 $y=\arccos x$,其定义域为$[-1,1]$,值域为$[0,\pi]$,图像如图 1.21 所示.

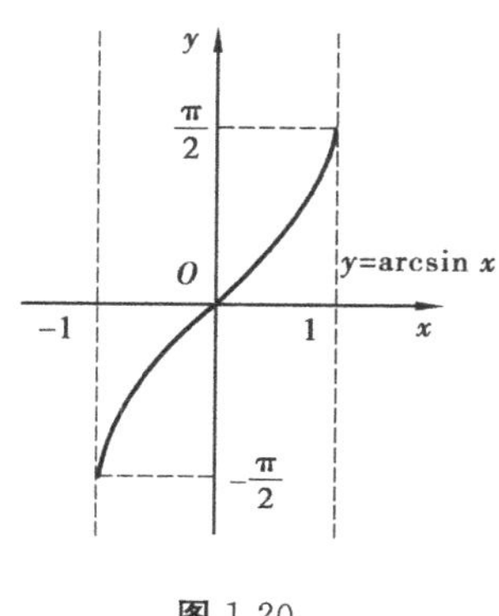

图 1.20

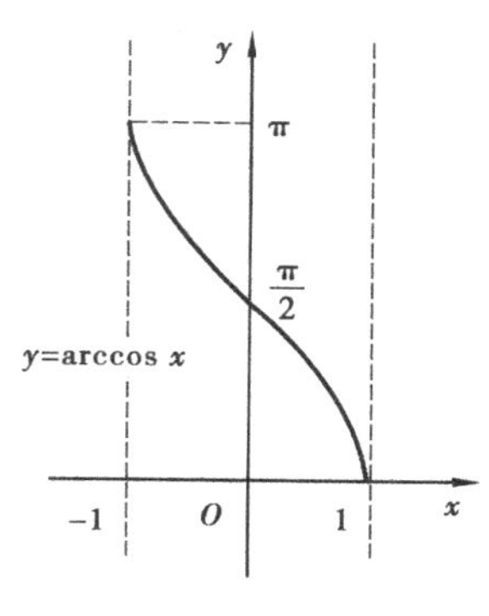

图 1.21

3)反正切函数

正切函数 $y=\tan x$ 在$\left(-\dfrac{\pi}{2},\dfrac{\pi}{2}\right)$上的反函数称为反正切函数,记作 $y=\arctan x$,其定义域为$(-\infty,+\infty)$,值域为$\left(-\dfrac{\pi}{2},\dfrac{\pi}{2}\right)$,图像如图 1.22 所示.

4)反余切函数

余切函数 $y=\cot x$ 在$(0,\pi)$上的反函数称为反余切函数,记作 $y=\operatorname{arccot} x$,其定义域为$(-\infty,+\infty)$,值域为$(0,\pi)$,其图像如图 1.23 所示.

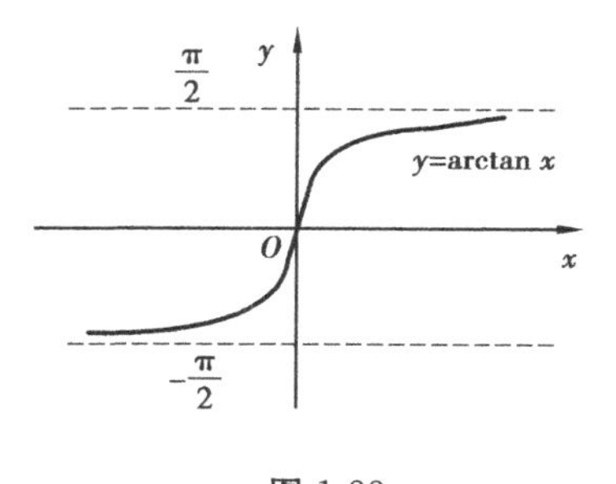

图 1.22

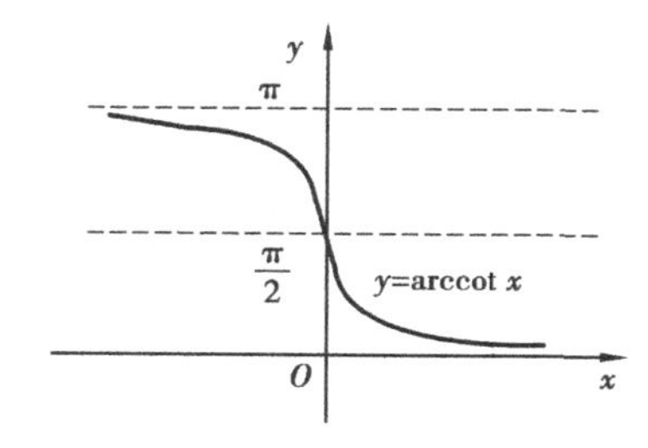

图 1.23

以上 5 种函数统称为基本初等函数.

1.1.5 复合函数

设 $y=2^u$，$u=\sin x$，若将 $y=2^u$ 中的 u 用 $\sin x$ 代替，得到 $y=2^{\sin x}$，这个函数可看成是由 $y=2^u$，$u=\sin x$ 复合而成的函数，称为复合函数.

定义 设函数 $y=f(u)$ 的定义域为 D_f，函数 $u=\varphi(x)$ 的定义域 D_φ，值域为 R_φ.若 $R_\varphi\subseteq D_f$，称 $y=f[\varphi(x)]$ 是由 $y=f(u)$ 经 $u=\varphi(x)$ 复合而成的**复合函数**，记作 $y=(f\circ\varphi)(x)$，u 称为**中间变量**.

注:并非任意两个函数都能复合成一个复合函数.

如 $y=\arcsin u$，$u=2+x^2$ 不能复合成一个复合函数，因为 $u=2+x^2$ 的值域 $[2,+\infty)$ 完全落在 $y=\arcsin u$ 的定义域之外，不满足复合条件 $R_\varphi\subseteq D_f$.而若 $y=\sqrt{u}$，$u=2+\sin x$，则可复合成 $y=\sqrt{2+\sin x}$，因为 $u=2+\sin x$ 的值域 $[1,3]$ 完全落在 $y=\sqrt{u}$ 的定义域 $(0,+\infty)$ 之内，满足复合条件 $R_\varphi\subseteq D_f$.

当函数 $u=\varphi(x)$ 的值域 R_φ 不完全落在 $y=f(u)$ 的定义域 D_f 之内时，可对 x 的取值范围加以限制，使其满足复合条件.如 $u=x^2$ 的值域 $[0,+\infty)$ 只有一部分 $[0,1]$ 在 $y=\arcsin u$ 的定义域 $[-1,1]$ 之内，不满足复合条件;但可以限制 $x\in[-1,1]$，$u=x^2$，$u\in[0,1]\subseteq[-1,1]$，此时 $y=\arcsin u$ 和 $u=x^2$ 可复合成复合函数 $y=\arcsin x^2$.

注:复合函数 $y=(f\circ\varphi)(x)$ 的定义域 $D_{f\cdot\varphi}$ 和 $u=\varphi(x)$ 的定义域 D_φ 不一定完全相同，但总有 $D_{f\cdot\varphi}\subseteq D_\varphi$.

例 1.5 设 $f(x)=x^2$，$g(x)=\ln x$.求 $f[g(x)]$，$g[f(x)]$.

解

$$f[g(x)]=f(\ln x)=(\ln x)^2$$

$$g[f(x)]=g(x^2)=\ln x^2,x\neq 0$$

例 1.6 拆分下列复合函数:

①$y=(2x^2+3)^5$ ②$y=\mathrm{e}^{\arctan\sqrt{x}}$

解 ①函数 $y=(2x^2+3)^5$ 由 $y=u^5$，$u=2x^2+3$ 复合而成.

②函数 $y=\mathrm{e}^{\arctan\sqrt{x}}$ 由 $y=\mathrm{e}^u$，$u=\arctan v$，$v=\sqrt{x}$ 复合而成.

1.1.6 初等函数

由常数和基本初等函数经过有限次四则运算或有限次复合运算所构成，并用一个解析式表达的函数,称为**初等函数**.

例如,$y=\sqrt{1-x^2}$,$y=\sin^2 x$ 等都是初等函数.本课程中所讨论的函数绝大部分都是初等函数.

习题 1.1

1.填空题:

(1)函数 $f(x)=\dfrac{1}{x-1}+\sqrt{1-x^2}$ 的定义域为________________.

(2)若函数 $f(x)$ 的定义域为 $[1,e^2]$,则函数 $f(e^x)$ 的定义域为________.

2.选择题:

(1)下列(　　)组函数是相同的函数.

A. $f(x)=\lg x^3, g(x)=3\lg x$　　B. $f(x)=x, g(x)=|x|$

C. $f(x)=\sqrt{x^2}, g(x)=x$　　D. $f(x)=\dfrac{x^2-1}{x-1}, g(x)=x+1$

(2)下列函数中是偶函数的是(　　).

A. $y=x^3$　　B. $y=x^2+x^3$

C. $y=x\cdot\sin x$　　D. $y=\ln(x+\sqrt{1+x^2})$

(3)下列各对函数能构成复合函数的是(　　).

A. $y=\lg u, u=1-x^3, x\in(-\infty,1)$

B. $y=\sqrt{u}, u=\sin x, x\in\left(\dfrac{3\pi}{2,},2\pi\right)$

C. $y=\sqrt{1+u}, u=4-x, x>5$

D. $y=\arccos u, u=\sqrt{2+x^2}, x\in(-\infty,+\infty)$

(4)在区间 $(0,+\infty)$ 内单调增加的函数是(　　).

A. $y=\cos x$　　B. $y=\cot x$

C. $y=x^2$　　D. $y=\dfrac{1}{x}$

(5)已知 $f\left(\frac{1}{x}\right)=\left(\frac{x+1}{x}\right)^2$，则 $f(x)=($　　$)$.

A.$\left(\frac{x}{x+1}\right)^2$　　　　B.$(1+x)^2$

C.$\left(\frac{x+1}{x}\right)^2$　　　　D.$1+x^2$

(6)设 $f(x)=\begin{cases}\frac{1}{x} & x<0\\ x^2-3 & x\geqslant 0\end{cases}$，则 $f(-2)=($　　$)$.

A.$-\frac{1}{2}$　　　　B.$\frac{1}{2}$

C.1　　　　D.0

3.设 $f(x)=3^x$，$g(x)=x^3$.求 $f[g(x)]$，$g[f(x)]$.

4.指出下列复合函数是由哪些简单函数复合而成的.

(1)$y=\cos(1-2x)$　　　　(2)$y=\sqrt{\sin(x^2+1)}$

5.设函数 $f(x)$在$(-\infty,+\infty)$上有定义，且对任意的 x，y，$f(x\cdot y)=f(x)\cdot f(y)$，且 $f(x)\neq 0$.求 $f(2013)$.

6.已知函数 $f(x)=\begin{cases}x^2 & 0\leqslant x\leqslant 1\\ 1 & 1\leqslant x\leqslant 2\\ 4-x & 2\leqslant x\leqslant 4\end{cases}$.试作出函数的图像，并写出其定义域.

1.2　极限的概念

极限的思想早在古代就已萌生，著名的“一尺之锤，日取其半，万世不竭”的论断，以及数学家刘徽(公元 3 世纪)利用圆内接正多边形来推算圆面积的方法——割圆术，都是极限思想的体现.

首先看数列的极限定义.

1.2.1　数列的极限

观察下列数列中随着项数 n 的增大，x_n 的变化趋势：

①$\{2n\}$：$2,4,6,\cdots,2n,\cdots$

②$\{(-1)^n\}$：$-1,1,-1,\cdots,(-1)^n,\cdots$

③$\left\{\frac{n}{n+1}\right\}$：$\frac{1}{2},\frac{2}{3},\cdots,\frac{n}{n+1},\cdots$

④$\left\{\frac{1}{n}\right\}$：$1,\frac{1}{2},\frac{1}{3},\cdots,\frac{1}{n},\cdots$

⑤$\left\{\frac{1}{2^n}\right\}$：$\frac{1}{2},\frac{1}{4},\frac{1}{8},\cdots,\frac{1}{2^n},\cdots$

⑥3.1,3.14,3.141,3.141 5,3.141 59,…

可以发现：数列①、③、⑥中的项 x_n 随着 n 的增大而增大，数列④、⑤中的项 x_n 随着 n 的增大而减小.下面给出单调数列的概念.

定义1　对于数列$\{x_n\}$，若 $x_1\leqslant x_2\leqslant x_3\leqslant\cdots\leqslant x_n\leqslant\cdots$，则称$\{x_n\}$为**单调增加数列**；若 $x_1\geqslant x_2\geqslant x_3\geqslant\cdots\geqslant x_n\geqslant\cdots$，则称$\{x_n\}$为**单调减少数列**.

单调增加或减少的数列统称为单调数列.

数列③、⑥虽同为单调增加数列，但不难发现数列③中各项的值不会超过1，数列⑥中的各项的值不会超过4.于是，有下面有界数列的概念.

定义2　对于数列$\{x_n\}$，若存在正数 M，$\forall n\in\mathbf{N}^*$，都有

$$|x_n|\leqslant M$$

成立，则称数列$\{x_n\}$**有界**，否则称数列$\{x_n\}$**无界**.

因此，数列②—⑥为有界数列，数列①为无界数列.

另外，随项数 n 的无限增大，数列③的一般项 $x_n=\frac{n}{n+1}$无限接近于1；数列④的一般项 $x_n=\frac{1}{n}$无限接近于0；数列⑤的一般项 $x_n=\frac{1}{2^n}$无限接近于0；数列⑥的一般项 x_n 无限接近于 π.

它们共同的特点就是随项数 n 的无限增大，数列的一般项都无限接近于某一

个固定的常数.由此,给出数列极限的定性定义.

定义 3　如果数列$\{x_n\}$的项数 n 无限增大时,其一般项 x_n 无限接近于某个确定的常数 a,则称 a 为数列$\{x_n\}$的**极限**,或称数列$\{x_n\}$**收敛**于 a,记作

$$\lim_{n\to\infty} x_n = a$$

否则称数列$\{x_n\}$**发散**.

因此,对前面几个数列,有$\lim\limits_{n\to\infty}\frac{n}{n+1}=1$,$\lim\limits_{n\to\infty}\frac{1}{n}=0$,$\lim\limits_{n\to\infty}\frac{1}{2^n}=0$.

所谓"当 n 无限增大时,x_n 无限接近于 a"的意思是当 n 充分大时,x_n 与 a 可以任意靠近,要多近就能有多近.也就是说,$|x_n-a|$可以小于任意给定的正数,只要 n 充分地大.

数列$\{x_n\}$的极限为 a 的几何解释:

数列$\{x_n\}$中的项对应数轴上无数个点,点 x_n 和 a 接近的程度可以用它们之间的距离$|x_n-a|$来衡量.x_n 无限接近于 a,就意味着距离$|x_n-a|$可以任意小.

注:①数列无限接近于极限值的方式是多样的.如$\left\{\frac{1}{n}\right\}$是从 0 的右侧无限接近于 0;$\left\{\frac{n+(-1)^n}{n}\right\}$是从 1 的左右两侧无限接近于 1.

②并非所有数列都有极限.如$\{(-1)^n\}$,$\{2n\}$均无极限.

③收敛数列必有界,无界数列必发散.但是,有界数列却不一定收敛.如数列$\{(-1)^n\}$虽然有界,但并不收敛于任何值,是发散的.所以数列有界是数列收敛的必要而不充分的条件.

④对于数列极限,有以下几个重要结果:

$$\lim_{n\to\infty}\frac{1}{n}=0 \qquad \lim_{n\to\infty}C=C \qquad \lim_{n\to\infty}q^n=0 \qquad |q|<1$$

当 n 无限增大时,如果$|x_n|$无限增大,称数列$\{x_n\}$的极限是无穷大,记作$\lim\limits_{n\to\infty}x_n=\infty$.

数列$\{x_n\}$可看作自变量为 n 的函数:$x_n=f(n)$,$n\in\mathbf{N}^*$.所以可以把数列$\{x_n\}$以 a 为极限,看成当自变量 n 取正整数无限增大时,对应的函数值 $f(n)$无限接近于确定常数 a.如果把数列极限中的函数 $f(n)$的定义域 $\mathbf{N}^*$ 及自变量的变化过程

$n\to\infty$等特殊性撇开，就可以得到函数极限的一般概念.

1.2.2　函数的极限

对一般的函数 $f(x)$，自变量 x 的变化趋势就不像数列极限中 $n\to\infty$这样局限，主要讨论以下两种自变量变化趋势下函数的极限问题：

①自变量 x 的绝对值$|x|$无限增大，即 x 趋向于无穷大($x\to\infty$).

②自变量 x 无限接近于有限值 x_0，即 x 趋向于 x_0($x\to x_0$).

(1)函数在无穷远处的极限

观察函数 $f(x)=\dfrac{1}{x}$在自变量 $x\to\infty$时，对应的函数值 $f(x)$的变化趋势.

由图 1.24 可知，当 x 无论是沿 x 轴正向无限远离原点，还是沿 x 轴负向无限远离原点时，函数值 $f(x)=\dfrac{1}{x}$都无限接近于数值 0.

定义 4　设函数 $f(x)$在 $x>M(M>0)$处有定义，当 x 无限增大($x\to+\infty$)时，对应的函数值 $f(x)$无限接近于确定数值 A，则称 A 为函数 $f(x)$在 $x\to+\infty$时的**极限**，记作

$$\lim_{x\to+\infty}f(x)=A$$

从几何角度看，极限 $\lim\limits_{x\to+\infty}f(x)=A$ 表示：随着 x 值的无限增大，曲线 $y=f(x)$上对应的点与直线 $y=A$ 的距离无限变小(见图 1.25).

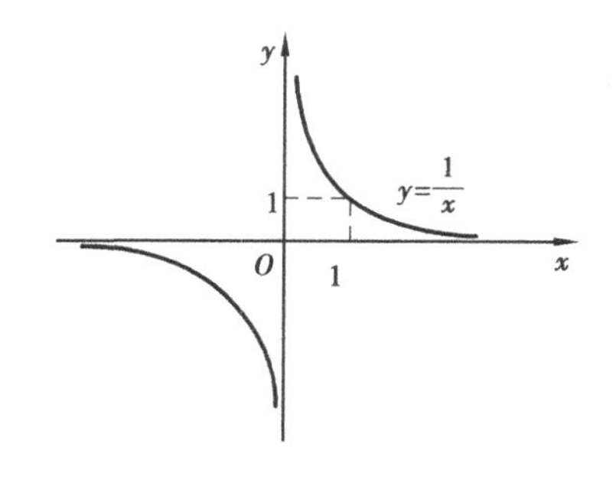

图 1.24

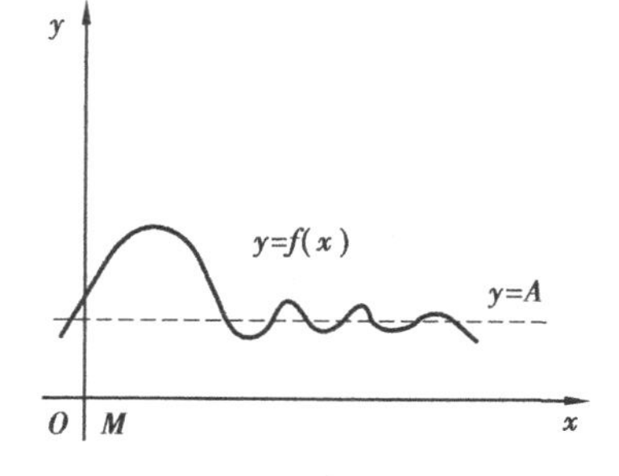

图 1.25

可类似定义 $f(x)$ 当 $x\to-\infty$ 时的极限(读者自己完成).

由上述定义,则有 $\lim\limits_{x\to+\infty}\dfrac{1}{x}=0$, $\lim\limits_{x\to-\infty}\dfrac{1}{x}=0$; $\lim\limits_{x\to+\infty}\arctan x=\dfrac{\pi}{2}$; $\lim\limits_{x\to-\infty}\arctan x=-\dfrac{\pi}{2}$; $\lim\limits_{x\to+\infty}e^x=+\infty$, $\lim\limits_{x\to-\infty}e^x=0$.

定义 5 如果函数 $f(x)$ 在 $|x|>M(M>0)$ 时有定义,且当 $|x|$ 无限增大($x\to\infty$)时,对应的函数值 $f(x)$ 无限接近于确定数值 A,则称 A 为函数 $f(x)$ 在 $x\to\infty$ 时的极限,记作

$$\lim_{x\to\infty}f(x)=A$$

例如,$\lim\limits_{x\to\infty}\dfrac{1}{x}=0$.一般地,若 $\lim\limits_{x\to\infty}f(x)=c$,则称直线 $y=c$ 为函数 $y=f(x)$ 的图像的水平渐近线.

易知,$\lim\limits_{x\to\infty}f(x)=A$ 的充分必要条件是 $\lim\limits_{x\to+\infty}f(x)=\lim\limits_{x\to-\infty}f(x)=A$.

(2)函数在一点处的极限

考察函数 $f(x)=x+2$ 与 $f(x)=\dfrac{x^2-4}{x-2}$ 当 $x\to2$ 时函数值的变化.

观察如图 1.26、图 1.27 所示不难发现,虽然两个函数在 $x=2$ 处的定义情况不同($f(x)=x+2$ 在 $x=2$ 处有定义;$f(x)=\dfrac{x^2-4}{x-2}$ 在 $x=2$ 处没有定义),但当 $x\to2$ 时,函数 $f(x)=x+2$ 和 $f(x)=\dfrac{x^2-4}{x-2}$ 的函数值都趋向于数值 2.

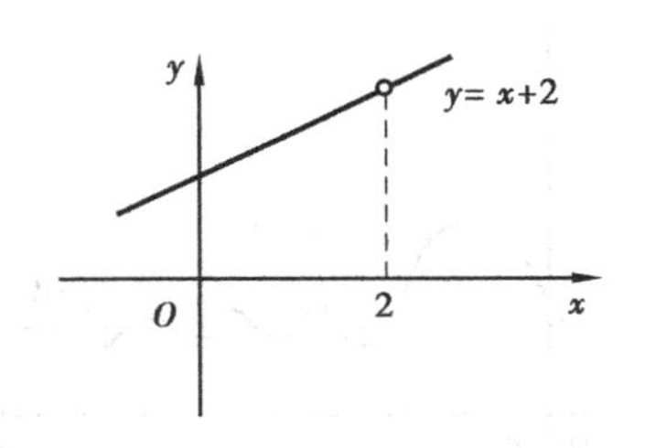

图 1.26

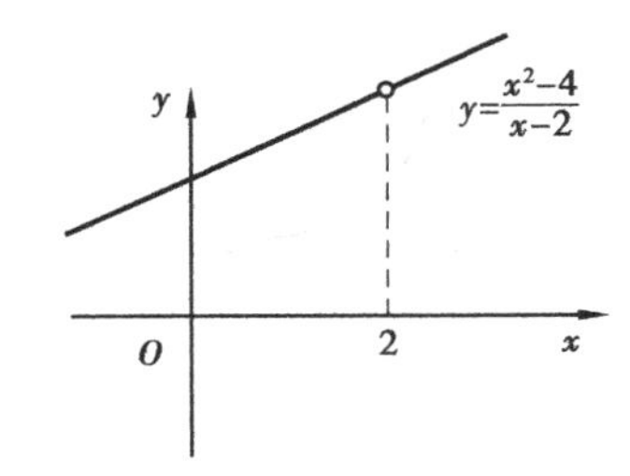

图 1.27

定义 6 设函数 $f(x)$ 在点 x_0 的某个去心邻域内有定义,A 为常数.如果当自变量 $x\to x_0$ 时对应的函数值 $f(x)$ 无限接近于 A,则称 A 为函数 $f(x)$ 当 $x\to x_0$

时的**极限**，记作

$$\lim_{x \to x_0} f(x) = A$$

注：①定义中“设函数 $f(x)$ 在点 x_0 的某个去心邻域内有定义”强调的是函数 $f(x)$ 在点 x_0 的附近有定义即可，而在点 x_0 是否有定义并不影响考察函数在该点处的极限.

② $x \to x_0$ 时对应的 $f(x)$ 无限接近于 A，表示无论 x 是从 x_0 左侧趋向于 x_0，还是从 x_0 右侧趋向于 x_0，$f(x)$ 都无限接近于同一个数值 A.

例 1.7　考察 $\lim\limits_{x \to x_0} x$.

由图 1.28 可知，当 x 从 x_0 左右两侧趋向于 x_0 时，函数值 y 沿直线 $y=x$ 无限接近于 x_0，因此 $\lim\limits_{x \to x_0} x = x_0$.

注：基本初等函数在其各自的定义域内每点处极限存在，且等于该点处的函数值.

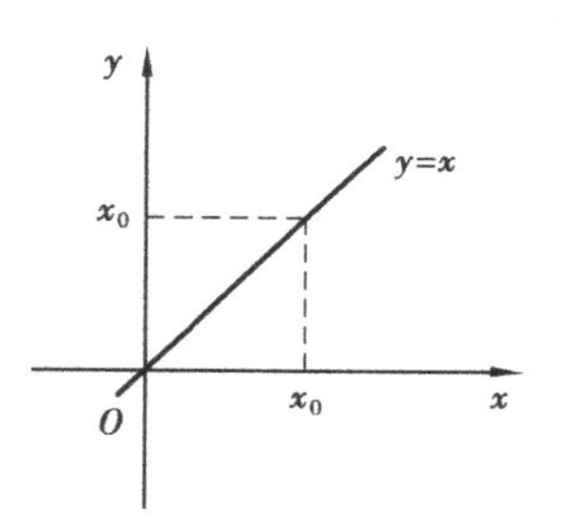

图 1.28

定义 7　设函数 $f(x)$ 在点 x_0 的某个左(右)邻域内有定义，A 为常数.如果 $x \to x_0^-$ $(x \to x_0^+)$ 时对应的函数值 $f(x)$ 无限接近于 A，则称 A 为函数 $f(x)$ 在 x_0 处的左(右)极限.

左极限记作 $\lim\limits_{x \to x_0^-} f(x)$ 或 $f(x_0^-)$，右极限记作 $\lim\limits_{x \to x_0^+} f(x)$ 或 $f(x_0^+)$.

由 $x \to x_0$ 时函数 $f(x)$ 的极限定义和左右极限的定义，可得 $\lim\limits_{x \to x_0} f(x) = A$ 的充要条件是 $f(x_0^-) = f(x_0^+) = A$.

例 1.8　设函数 $f(x)=\begin{cases} 3x-1 & x<1 \\ 3 & x=1 \\ 2x & x>1 \end{cases}$.求 $\lim\limits_{x \to 1^-} f(x)$，$\lim\limits_{x \to 1^+} f(x)$，$\lim\limits_{x \to 1} f(x)$.

解

$$\lim_{x \to 1^-} f(x) = \lim_{x \to 1^-} (3x-1) = 2$$

$$\lim_{x \to 1^+} f(x) = \lim_{x \to 1^+} 2x = 2$$

所以

$$\lim_{x \to 1} f(x) = 2$$

例 1.9 设函数 $f(x)=\begin{cases} ax+2 & x<1 \\ \sqrt{x} & x\geqslant 1 \end{cases}$，若$\lim\limits_{x\to 1}f(x)$存在.求 a 的值.

解

$$\lim_{x\to 1^-} f(x)=\lim_{x\to 1^-}(ax+2)=a+2$$

$$\lim_{x\to 1^+} f(x)=\lim_{x\to 1^+}\sqrt{x}=1$$

若$\lim\limits_{x\to 1}f(x)$存在，则

$$\lim_{x\to 1^-} f(x)=\lim_{x\to 1^+} f(x)$$

即

$$a+2=1$$

所以 $a=-1$.

注：在前面关于极限的定义中，事实上仅仅给出了极限的定性定义.更精确地，有极限的定量定义，即经典的 ε 定义.例如，对$\lim\limits_{n\to\infty}x_n=a$ 可定义：对 $\forall\varepsilon>0$，存在 N，当 $n>N$ 时，总有 $|x_n-a|<\varepsilon$，则称当 $n\to\infty$ 时，x_n 有极限a.对其他几种形式的极限，也可给出类似定义，在此不再详述.

另外，关于极限的性质有下面的定理：

定理 1 任何具有极限的变量，其极限唯一.

定理 2 在自变量 x 的某一变化过程中，若因变量 $f(x)\geqslant 0$，且$\lim f(x)=A$，则 $A\geqslant 0$.

习题 1.2

1.填空题：

(1)设 $x_n=\dfrac{2n}{n+1}$，则$\lim\limits_{n\to\infty}x_n=$____________.

(2)设函数 $f(x)=\begin{cases} x^3+1 & x>0 \\ e^x+1 & x<0 \end{cases}$，则 $\lim\limits_{x\to 0^+}f(x)=$____________.

2.单项选择题：

(1)下列数列收敛的是(　　).

A.$2,-2,2,-2,\cdots$　　B.$1,\frac{1}{2},\frac{1}{2^2},\frac{1}{2^3},\cdots,\frac{1}{2^n},\cdots$

C.$1,2,6,\cdots,n!,\cdots$　　D.$1,-2,3,-4,\cdots,(-1)^{n+1}n,\cdots$

(2)下列极限不成立的是(　　).

A.$\lim\limits_{x\to 0}e^{\frac{1}{x}}=\infty$　　B.$\lim\limits_{x\to\infty}e^{\frac{1}{x}}=1$

C.$\lim\limits_{x\to 0^-}e^{\frac{1}{x}}=0$　　D.$\lim\limits_{x\to 0^+}e^{\frac{1}{x}}=+\infty$

(3)函数 $f(x)$ 在 $x=x_0$ 处有定义是极限 $\lim\limits_{x\to x_0}f(x)$ 存在的(　　).

A.必要条件　　B.充分条件

C.充要条件　　D.既非充分条件,也非必要条件

(4)$f(x_0^+)$ 和 $f(x_0^-)$ 都存在是函数 $f(x)$ 在 $x=x_0$ 处有极限的(　　).

A.必要条件　　B.充分条件

C.充要条件　　D.既非充分条件,也非必要条件

3.设函数 $f(x)=\begin{cases}x+2 & x<2\\ 1 & x=2\\ 2x-2 & x>2\end{cases}$.判断极限 $\lim\limits_{x\to 2}f(x)$ 是否存在.

4.设函数 $f(x)=\begin{cases}e^x+1 & x\leqslant 1\\ 2x+b & x>1\end{cases}$ 在点 $x=1$ 处极限存在,确定 b 的值.

1.3　极限的运算法则

1.3.1　极限的四则运算法则

为了书写简便,将自变量的变化趋势省略不写,但在同一定理中涉及极限问题时,都是在自变量的同一变化趋势下.

定理1　设 $\lim X=A$,$\lim Y=B$(A,B 为确定的数值),则

①$\lim[X\pm Y]=\lim X\pm\lim Y=A\pm B$;

②$\lim XY=\lim X\cdot\lim Y=AB$;

③$\lim \frac{X}{Y}=\frac{\lim X}{\lim Y}=\frac{A}{B}(B \neq 0)$.

推论 1　$\lim[\lambda X \pm \mu Y]=\lambda \lim X \pm \mu \lim Y=\lambda A \pm \mu B$（$\lambda, \mu$ 为实数）

推论 2　设$\lim X_i=A_i(i=1,2,\cdots,n)$，则：

①$\lim[k_1 X_1 \pm k_2 X_2 \pm \cdots \pm k_n X_n]=k_1 A_1 \pm k_2 A_2 \pm \cdots \pm k_n A_n$，$(k_i \in \mathbf{R})$；

②$\lim[X_1 \cdot X_2 \cdots X_n]=A_1 A_2 \cdots A_n$；

③$\lim[X]^n=[\lim X]^n$.

例 1.10　计算下列极限：

①$\lim\limits_{x \to 2}(2x^3-2x+1)$

②$\lim\limits_{x \to 2}\frac{x^2+2x-8}{x^2-4}$

解　①

$$\begin{aligned}\text{原式}&=\lim_{x \to 2} 2x^3-\lim_{x \to 2} 2x+\lim_{x \to 2} 1\\&=2(\lim_{x \to 2} x)^3-2\lim_{x \to 2} x+1\\&=2 \times 2^3-2 \times 2+1\\&=13\end{aligned}$$

②

$$\begin{aligned}\text{原式}&=\lim_{x \to 2}\frac{(x+4)(x-2)}{(x+2)(x-2)}\\&=\lim_{x \to 2}\frac{x+4}{x+2}\\&=\frac{3}{2}\end{aligned}$$

注：在例 1.10 第②题的计算中，由于$\lim\limits_{x \to 2}(x^2-4)=0$，因此，计算时不能直接用商的极限运算法则.

例 1.11　求下列极限：

①$\lim\limits_{x \to \infty}\frac{x^3-4x+1}{2x^3+5x^2+3}$

②$\lim\limits_{x \to \infty}\frac{x^2-3x+2}{x^3+x^2+2}$

解　①
$$\text{原式}=\lim_{x\to\infty}\frac{1-\dfrac{4}{x^2}+\dfrac{1}{x^3}}{2+\dfrac{5}{x}+\dfrac{3}{x^3}}=\frac{1}{2}$$

②
$$\text{原式}=\lim_{x\to\infty}\frac{\dfrac{1}{x}-\dfrac{3}{x^2}+\dfrac{2}{x^3}}{1+\dfrac{1}{x}+\dfrac{2}{x^3}}=0$$

注：一般地，若 $a_0\neq 0,b_0\neq 0$，则有

$$\lim_{n\to\infty}\frac{a_0x^n+a_1x^{n-1}+\cdots+a_{n-1}x+a_n}{b_0x^m+b_1x^{m-1}+\cdots+b_{m-1}x+b_m}=\begin{cases}\dfrac{a_0}{b_0} & m=n\\ 0 & m>n\\ \infty & m<n\end{cases}$$

例 1.12　求极限$\lim\limits_{x\to 1}\left(\dfrac{1}{1-x}-\dfrac{3}{1-x^3}\right)$.

解
$$\begin{aligned}\text{原式}&=\lim_{x\to 1}\frac{x^2+x-2}{(1-x)(1+x+x^2)}\\&=\lim_{x\to 1}\frac{(x-1)(x+2)}{(1-x)(1+x+x^2)}\\&=\lim_{x\to 1}\frac{x+2}{-(1+x+x^2)}=-1\end{aligned}$$

例 1.13　求极限$\lim\limits_{n\to\infty}\left(\dfrac{1+2+3+\cdots+n}{n^2+2}\right)$.

解
$$\text{原式}=\lim_{n\to\infty}\left(\frac{n(n+1)}{2(n^2+2)}\right)=\lim_{n\to\infty}\frac{n^2+n}{2n^2+4}=\frac{1}{2}$$

1.3.2　复合函数的极限运算法则

定理 2　设 $y=f[\varphi(x)]$是由 $y=f(u)$与 $u=\varphi(x)$复合而成的函数，若 $y=f(u)$与 $u=\varphi(x)$满足：

①$\lim\limits_{u\to a}f(u)=A$；

②在 x_0 的某去心邻域内，有 $\varphi(x)\neq a$ 且$\lim\limits_{x\to x_0}\varphi(x)=a$，则

$$\lim_{x \to x_0} f[\varphi(x)] = \lim_{u \to a} f(u) = A$$

注:在定理 2 中,把 $\lim\limits_{x \to x_0} \varphi(x) = a$ 换成 $\lim\limits_{x \to x_0} \varphi(x) = \infty$ 或 $\lim\limits_{x \to \infty} \varphi(x) = \infty$,$\lim\limits_{u \to a} f(u) = A$ 换成 $\lim\limits_{u \to \infty} f(u) = A$,可得类似定理.

例 1.14 求 $\lim\limits_{x \to 3} \sqrt{\dfrac{x-3}{x^2-9}}$.

解 原式 $= \sqrt{\lim\limits_{x \to 3} \dfrac{x-3}{x^2-9}} = \sqrt{\lim\limits_{x \to 3} \dfrac{x-3}{(x+3)(x-3)}} = \dfrac{\sqrt{6}}{6}$

注:一般地,若 $y = f(u)$ 是基本初等函数,a 是 $f(u)$ 定义域内的点,则 $\lim\limits_{x \to x_0} f[\varphi(x)] = \lim\limits_{u \to a} f(u) = f(a) = f[\lim\limits_{x \to x_0} \varphi(x)]$.

例 1.15 求 $\lim\limits_{x \to 0} \dfrac{x^2}{1-\sqrt{1+x^2}}$.

解 不能直接运用极限的四则运算法则,需将分母有理化,即

$$\frac{x^2}{1-\sqrt{1+x^2}} = \frac{x^2(1+\sqrt{1+x^2})}{1-(1+x^2)} = -(1+\sqrt{1+x^2})$$

所以

$$\text{原式} = \lim_{x \to 0}[-(1+\sqrt{1+x^2})] = -(1+\sqrt{1+0^2}) = -2$$

习题 1.3

1.填空题:

(1) $\lim\limits_{x \to 2}(3x^2 - 2x + 1) =$ ________.

(2) $\lim\limits_{n \to \infty}\left(\dfrac{1}{2n} + \dfrac{1}{2^n}\right) =$ ________.

(3) $\lim\limits_{x \to 3} \dfrac{x^2-9}{x-3} =$ ________.

(4) $\lim\limits_{x \to \infty} \dfrac{3x^2+3x-1}{x^2+1}$ ________.

2.计算下列极限：

(1) $\lim\limits_{n\to\infty}\left(1+\frac{1}{2}+\frac{1}{2^2}+\cdots+\frac{1}{2^n}+\cdots\right)$

(2) $\lim\limits_{n\to\infty}\frac{(n+1)(n+2)(n+3)}{5n^3}$

(3) $\lim\limits_{x\to-1}\left(\frac{1}{x+1}-\frac{3}{x^3+1}\right)$

(4) $\lim\limits_{x\to1}\frac{\sqrt{5x-4}-\sqrt{x}}{x-1}$

(5) $\lim\limits_{n\to\infty}(\sqrt{n+1}-\sqrt{n})\cdot\sqrt{n}$

(6) $\lim\limits_{n\to\infty}\left(\frac{1}{1\cdot2}+\frac{1}{2\cdot3}+\cdots+\frac{1}{n(n+1)}+\cdots\right)$

3.若 $\lim\limits_{x\to4}\frac{x^2-2x+k}{x-4}=6$.求 k 的值.

1.4　极限存在准则　两个重要极限

本节介绍判定极限存在的两个准则，并利用它们求出以下两个重要极限：

$$\lim_{x\to0}\frac{\sin x}{x}=1,\quad \lim_{x\to\infty}\left(1+\frac{1}{x}\right)^x=\mathrm{e}$$

1.4.1　夹逼法则

定理　如果因变量 $X\leqslant Z\leqslant Y$，且 $\lim X=\lim Y=A$，则极限 $\lim Z$ 存在，且 $\lim Z=A$.

注：这个准则不仅为判定一个函数(数列)极限是否存在提供了证据，同时也给出了一种新的求极限的方法：即在直接求某一个函数的极限不方便的情况下，可考虑将其适当地放大、缩小，使其夹在两个已知有同一极限的函数之间，那么这个函数的极限也就求出来了.

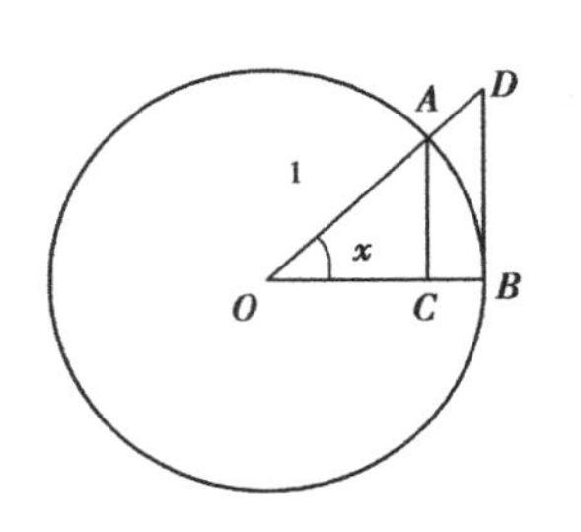

图 1.29

例 1.16 证明$\lim\limits_{x \to 0}\frac{\sin x}{x}=1$(第一个重要极限).

证 在单位圆中作角 $x \in \left(0,\frac{\pi}{2}\right)$,如图 1.29 所示,则

$$S_{\triangle AOB}<S_{扇AOB}<S_{\triangle BOD}$$

且

$$AC=\sin x,\quad \widehat{AB}=x,\quad BD=\tan x$$

故

$$\sin x<x<\tan x$$

从而,有

$$\cot x<\frac{1}{x}<\csc x$$

即

$$\cos x<\frac{\sin x}{x}<1$$

由于 $\cos x,\frac{\sin x}{x}$,1 均为偶数,因此,$x \in \left(-\frac{\pi}{2},0\right)$时上述不等式也成立.

因为

$$\lim_{x \to 0}\cos x=1,\lim_{x \to 0}1=1$$

所以

$$\lim_{x \to 0}\frac{\sin x}{x}=1$$

注:这个极限非常重要,以后将会多次应用.因此,不要仅仅局限于它的形式,而要记住它的本质特点:

①“$\frac{0}{0}$”型.

②可形象表示为 $\lim\limits_{(\ ) \to 0}\frac{\sin(\ )}{(\ )}=1$(三位统一).

例 1.17 求下列极限:

①$\lim\limits_{x\to 0}\dfrac{\sin 2x}{x}$　　②$\lim\limits_{x\to 0}\dfrac{\tan x}{x}$

③$\lim\limits_{x\to 0}\dfrac{1-\cos x}{x^2}$　　④$\lim\limits_{x\to 0}\dfrac{\arcsin x}{x}$

解　①
$$\lim_{x\to 0}\frac{\sin 2x}{x}=\lim_{x\to 0}\frac{\sin 2x}{2x}\cdot 2=2$$

②
$$\lim_{x\to 0}\frac{\tan x}{x}=\lim_{x\to 0}\frac{\sin x}{x\cdot\cos x}=\lim_{x\to 0}\left(\frac{\sin x}{x}\cdot\frac{1}{\cos x}\right)=1$$

③
$$\lim_{x\to 0}\frac{1-\cos x}{x^2}=\lim_{x\to 0}\frac{2\sin^2\frac{x}{2}}{x^2}=\lim_{x\to 0}\left[\frac{\sin\frac{x}{2}}{\frac{x}{2}}\right]^2\cdot\frac{1}{2}=\frac{1}{2}$$

④令 $t=\arcsin x$，则 $x=\sin t$，且当 $x\to 0$ 时，$t\to 0$，于是
$$\lim_{x\to 0}\frac{\arcsin x}{x}=\lim_{t\to 0}\frac{t}{\sin t}=1$$

1.4.2　单调有界收敛法则

由前面对数列极限的学习知，有界数列不一定收敛.接下来，要说明有界数列再加一个单调的条件，它就一定收敛了，也就是单调有界收敛准则：

准则 1　若数列 $\{x_n\}$ 单调增加且有上界，即存在数 M，使 $x_n\leqslant M(n=1,2,\cdots)$，则 $\lim\limits_{n\to\infty}x_n$ 存在且不大于 M.

准则 2　若数列 $\{x_n\}$ 单调减少且有下界，即存在数 M，使 $x_n\geqslant M(n=1,2,\cdots)$，则 $\lim\limits_{n\to\infty}x_n$ 存在且不小于 M.

例 1.18　设数列 $x_1=\sqrt{3}$，$x_{n+1}=\sqrt{3+x_n}$.求 $\lim\limits_{n\to\infty}x_n$.

解　易知，$x_{n+1}>x_n$，所以数列 $\{x_n\}$ 单调增加；

$x_1=\sqrt{3}<3$，现假定 $x_n<3$，则 $x_{n+1}=\sqrt{3+x_n}<\sqrt{3+3}<3$，所以数列 $\{x_n\}$ 有上界，从而 $\lim\limits_{n\to\infty}x_n$ 存在.

记 $\lim\limits_{n\to\infty}x_n=A$.将 $x_{n+1}=\sqrt{3+x_n}$ 两边平方，得
$$x_{n+1}^2=3+x_n$$

两边取极限,注意到$\lim\limits_{n\to\infty} x_{n+1}=\lim\limits_{n\to\infty} x_n$,得

$$A^2=3+A$$

解得

$$A=\frac{1\pm\sqrt{13}}{2}$$

但由$x_n>\sqrt{3}(n=1,2,3,\cdots)$可知,$\lim\limits_{n\to\infty} x_n=A>0$,故

$$A=\frac{1+\sqrt{13}}{2}$$

即

$$\lim_{n\to\infty} x_n=\frac{1+\sqrt{13}}{2}$$

例 1.19 证明$\lim\limits_{n\to\infty}\left(1+\dfrac{1}{n}\right)^n=\mathrm{e}$.

证 设$x_n=\left(1+\dfrac{1}{n}\right)^n$,下证$\{x_n\}$单调增加有上界.

由二项式定理,有

$$x_n=\left(1+\frac{1}{n}\right)^n=1+C_n^1\frac{1}{n}+C_n^2\frac{1}{n^2}+\cdots+C_n^n\frac{1}{n^n}$$

$$=1+1+\frac{n(n-1)}{2!}\cdot\frac{1}{n^2}+\cdots+\frac{n(n-1)\cdots(n-n+1)}{n!}\cdot\frac{1}{n^n}$$

$$=1+1+\frac{1}{2!}\cdot\left(1-\frac{1}{n}\right)+\frac{1}{3!}\cdot\left(1-\frac{1}{n}\right)\left(1-\frac{2}{n}\right)+\cdots+\frac{1}{n!}\cdot$$

$$\left(1-\frac{1}{n}\right)\left(1-\frac{2}{n}\right)\cdots\left(1-\frac{n-1}{n}\right)<1+1+\frac{1}{2!}+\frac{1}{3!}+\cdots+\frac{1}{n!}<$$

$$1+1+\frac{1}{1\times2}+\frac{1}{2\times3}+\cdots+\frac{1}{(n-1)\cdot n}$$

$$=1+1+\left(\frac{1}{1}-\frac{1}{2}\right)+\left(\frac{1}{2}-\frac{1}{3}\right)+\cdots+\left(\frac{1}{n-1}-\frac{1}{n}\right)$$

$$=1+1+1-\frac{1}{n}=3-\frac{1}{n}<3$$

即数列$\{x_n\}$有上界.

因为 $x_n=\left(1+\frac{1}{n}\right)^n>0$，利用算术平均数不小于几何平均数，可得

$$\frac{\overbrace{\left(1+\frac{1}{n}\right)+\left(1+\frac{1}{n}\right)+\cdots+\left(1+\frac{1}{n}\right)}^{n\text{个}}+1}{n+1}\geqslant\sqrt[n+1]{\left(1+\frac{1}{n}\right)^n}$$

整理得

$$1+\frac{1}{n+1}\geqslant\sqrt[n+1]{\left(1+\frac{1}{n}\right)^n}$$

从而

$$\left(1+\frac{1}{n+1}\right)^{n+1}\geqslant\left(1+\frac{1}{n}\right)^n$$

即 $x_{n+1}>x_n$，所以数列$\{x_n\}$单调增加.

由收敛准则知，$\lim\limits_{n\to\infty}\left(1+\frac{1}{n}\right)^n$ 存在，且经过科学计算得到 $\lim\limits_{n\to\infty}\left(1+\frac{1}{n}\right)^n=$ e(e=2.718 28…).

还可以证明，$\lim\limits_{x\to+\infty}\left(1+\frac{1}{x}\right)^x=\mathrm{e}$，$\lim\limits_{x\to-\infty}\left(1+\frac{1}{x}\right)^x=\mathrm{e}$，所以

$$\lim_{x\to\infty}\left(1+\frac{1}{x}\right)^x=\mathrm{e} \tag{1.1}$$

令 $t=\frac{1}{x}$，则 $x=\frac{1}{t}$.且当 $x\to\infty$时，$t\to0$.故有

$$\lim_{t\to0}(1+t)^{\frac{1}{t}}=\mathrm{e}\qquad\text{或}\qquad\lim_{x\to0}(1+x)^{\frac{1}{x}}=\mathrm{e} \tag{1.2}$$

式(1.1)、式(1.2)虽然表现形式不一样，但本质相同，称为**第二个重要极限**.

$\lim\limits_{x\to\infty}\left(1+\frac{1}{x}\right)^x=\mathrm{e}$ 或 $\lim\limits_{x\to0}(1+x)^{\frac{1}{x}}=\mathrm{e}$ 的结构特点：

①类型为 1^∞.

② $\lim\limits_{(\ \ )\to\infty}\left(1+\frac{1}{(\ \ )}\right)^{(\ \ )}=\mathrm{e}$ 或 $\lim\limits_{(\ \ )\to0}(1+(\ \ ))^{\frac{1}{(\ \ )}}=\mathrm{e}$.

例 1.20　求极限 $\lim\limits_{x\to\infty}\left(1-\frac{1}{x}\right)^x$.

解 1　作代换：令 $t=-x$，则当 $x\to\infty$时，$t\to\infty$.于是

$$\lim_{x\to\infty}\left(1-\frac{1}{x}\right)^{x}=\lim_{t\to\infty}\left(1+\frac{1}{t}\right)^{-t}=\lim_{t\to\infty}\frac{1}{\left(1+\frac{1}{t}\right)^{t}}=\frac{1}{\lim\limits_{t\to\infty}\left(1+\frac{1}{t}\right)^{t}}=\frac{1}{\mathrm{e}}$$

解 2 适当变形：

$$\lim_{x\to\infty}\left(1-\frac{1}{x}\right)^{x}=\lim_{x\to\infty}\left[\left(1+\frac{1}{-x}\right)^{-x}\right]^{-1}$$

$$=\lim_{x\to\infty}\frac{1}{\left(1+\frac{1}{-x}\right)^{-x}}=\frac{1}{\lim\limits_{x\to\infty}\left(1+\frac{1}{-x}\right)^{-x}}=\frac{1}{\mathrm{e}}$$

例 1.21 求极限$\lim\limits_{x\to0}(1+2x)^{\frac{1}{x}}$.

解 $\lim\limits_{x\to0}(1+2x)^{\frac{1}{x}}=\lim\limits_{x\to0}(1+2x)^{\frac{1}{2x}\cdot2}=[\lim\limits_{x\to0}(1+2x)^{\frac{1}{2x}}]^{2}=\mathrm{e}^{2}$

例 1.22 求极限$\lim\limits_{x\to0}(1+x)^{\frac{3}{\sin x}}$.

解

$$\lim_{x\to0}(1+x)^{\frac{3}{\sin x}}=\lim_{x\to0}(1+x)^{\frac{1}{x}\cdot\frac{3x}{\sin x}}$$

$$=\mathrm{e}^{\lim\limits_{x\to0}\frac{3x}{\sin x}}=\mathrm{e}^{\lim\limits_{x\to0}\frac{3}{\frac{\sin x}{x}}}=\mathrm{e}^{3}$$

习题 1.4

1.填空题：

(1)$\lim\limits_{x\to0}\dfrac{\sin 3x}{x}=$____________.

(2)$\lim\limits_{x\to0}\dfrac{\tan 5x}{x}=$____________.

(3)$\lim\limits_{x\to0}(1+x)^{\frac{1}{x}}=$____________.

(4)$\lim\limits_{x\to\infty}\left(1-\dfrac{3}{x}\right)^{x+1}=$____________.

2.选择题：

(1)若$\lim\limits_{x\to\infty}\left(1+\dfrac{3}{x}\right)^{kx}=\mathrm{e}^{-2}$,则 $k=$(   ).

A.$k=\dfrac{2}{3}$ B.$k=-\dfrac{2}{3}$ C.$k=\dfrac{3}{2}$ D.$k=-\dfrac{3}{2}$

(2)下列极限中不等于 1 的是(　　).

A.$\lim\limits_{x\to 0}\frac{\sin 3x}{3x}$　　B.$\lim\limits_{x\to 0}\frac{x}{\arcsin x}$　　C.$\lim\limits_{x\to 0}\cos x$　　D.$\lim\limits_{x\to\infty}\frac{1}{x}$

3.计算下列各极限：

(1)$\lim\limits_{x\to 0}\frac{x-\sin x}{x+\sin x}$　　(2)$\lim\limits_{x\to 0}\frac{1-\cos 2x}{2x\cdot\sin x}$

(3)$\lim\limits_{x\to 0}\frac{\tan x-\sin x}{x}$　　(4)$\lim\limits_{n\to\infty}\left(n\cdot\sin\frac{\pi}{n+1}\right)$

4.计算下列各极限：

(1)$\lim\limits_{x\to 0}(1-x)^{\frac{1}{x}}$　　(2)$\lim\limits_{x\to\infty}\left(\frac{2x}{2x+1}\right)^{2x+3}$

(3)$\lim\limits_{x\to\infty}\left(1-\frac{1}{x^2}\right)^{x}$　　(4)$\lim\limits_{n\to\infty}\left(\frac{n}{1+n}\right)^{n}$

5.利用夹逼法则证明：

$$\lim_{n\to\infty}\left(\frac{1}{\sqrt{n^2+1}}+\frac{1}{\sqrt{n^2+2}}+\cdots+\frac{1}{\sqrt{n^2+n}}\right)=1$$

1.5　无穷小　无穷大　无穷小的比较

1.5.1　无穷小

有一类特殊的极限非常重要，也就是在自变量的某一变化过程中，函数以零为极限.

定义 1　若在自变量某一变化过程中，因变量 X 以零为极限，则称 X 为该自变量变化过程中的无穷小量(简称**无穷小**).

例如，$\frac{1}{n}$是 $n\to\infty$时的无穷小；$\sin x$ 是 $x\to 0$ 时的无穷小等.

注：①不能把一个绝对值很小的非零常数看成是无穷小，因为对常数 C，有 $\lim C=C\neq 0(C\neq 0)$.

②0 是唯一可以作为无穷小的常数.

根据无穷小的定义和极限的运算法则,有如下关于无穷小的性质:

性质 1　两个无穷小的和或差是无穷小.

性质 2　有界函数与无穷小的乘积是无穷小.

推论 1　常数与无穷小的乘积是无穷小.

推论 2　有限个无穷小的乘积是无穷小.

例 1.23　求极限$\lim\limits_{x\to 0} x\cdot\sin\dfrac{1}{x}$.

解　由$\lim\limits_{x\to 0} x=0$知,x是当$x\to 0$时的无穷小,而$\left|\sin\dfrac{1}{x}\right|\leqslant 1$,说明$\sin\dfrac{1}{x}$是有界函数,根据性质 2 知,$x\sin\dfrac{1}{x}$是当$x\to 0$时的无穷小,所以

$$\lim_{x\to 0} x\cdot\sin\frac{1}{x}=0$$

例 1.24　求极限$\lim\limits_{n\to\infty}\dfrac{\sqrt[3]{n^2}\sin n!}{n+1}$.

解　易知,$\dfrac{\sqrt[3]{n^2}}{n+1}$是当$n\to\infty$时的无穷小,而$\sin n!$为有界函数,根据性质 2 知,$\dfrac{\sqrt[3]{n^2}\sin n!}{n+1}$是当$n\to\infty$时的无穷小,所以

$$\lim_{n\to\infty}\frac{\sqrt[3]{n^2}\sin n!}{n+1}=0$$

定理 1　在自变量的某一变化过程中,$\lim f(x)=A$的充要条件是$f(x)=A+\alpha(x)$,$\alpha(x)$为x在同一变化过程中的无穷小.

1.5.2　无穷大

无穷小以零为极限,可理解为绝对值无限变小的量,与之相对的是绝对值无限变大的量,称该量为无穷大量.

定义 2　若在自变量某一变化过程中,变量X的绝对值$|X|$无限增大,则称X为该自变量变化过程中的**无穷大量**(简称**无穷大**).

变量 X 为自变量某一变化过程中的无穷大，可记作 $\lim X=\infty$，但必须注意这并不代表 X 有极限，它只是对 $|X|$ 无限增大这种变化趋势的一种记法.

注：①说一个量是无穷大时，必须指明自变量变化趋势（如 $\lim\limits_{n\to 0}\frac{1}{x}=\infty$，$\lim\limits_{x\to 1}\frac{1}{x}=1$，所以 $f(x)=\frac{1}{x}$ 是 $x\to 0$ 时的无穷大，不是 $x\to 1$ 时的无穷大.因此不能简单地说 $f(x)=\frac{1}{x}$ 是无穷大）.

②不能将一个数值很大的确定常数说成是无穷大.

若 $\lim\limits_{x\to x_0^-}f(x)=\infty$ 或（$\lim\limits_{x\to x_0^+}f(x)=\infty$），则称直线 $x=x_0$ 为图形 $y=f(x)$ 的铅直渐近线.

如 $\lim\limits_{x\to \frac{\pi}{2}^-}\tan x=+\infty$，所以 $x=\frac{\pi}{2}$ 是正切曲线 $y=\tan x$ 的一条铅直渐近线.

无穷小和无穷大之间的关系可用下面的定理 2 来描述.

定理 2　在自变量的同一变化过程中：

①如果 X 为无穷大，则 $\frac{1}{X}$ 为无穷小；

②如果 X 为无穷小，且 $X\neq 0$，则 $\frac{1}{X}$ 为无穷大.

此定理说明，关于无穷大的问题都可转化为无穷小来讨论.

1.5.3　无穷小的比较

由无穷小的性质知，两个无穷小的和、差、积依然是无穷小，两个无穷小的商是否依然是无穷小呢？考虑下面的例子：$x\to 0$ 时，x，x^2，$\sin x$ 都是无穷小，但 $\lim\limits_{x\to 0}\frac{x^2}{x}=0$，$\lim\limits_{x\to 0}\frac{\sin x}{x}=1$，$\lim\limits_{x\to 0}\frac{x}{x^2}$ 不存在.由此知，两个无穷小的商并不能保证依然是无穷小.

一般地，有以下定义：

定义 3　设 α，β 是自变量同一变化过程中的无穷小，且 $\alpha\neq 0$.

①如果$\lim\frac{\beta}{\alpha}=0$,则称$\beta$是$\alpha$的高阶无穷小(或$\alpha$是$\beta$的低阶无穷小),记作$\beta=o(\alpha)$.

②如果$\lim\frac{\beta}{\alpha}=C(C\neq 0)$,则称$\beta$是$\alpha$的同阶无穷小.

③如果$\lim\frac{\beta}{\alpha}=1$,则称$\beta$是$\alpha$的等阶无穷小,记作$\beta\sim\alpha$或$\alpha\sim\beta$.

例如,由于$\lim\limits_{x\to 0}\frac{\sin x}{x}=1$,$\lim\limits_{x\to 0}\frac{\tan x}{x}=1$,因此,当$x\to 0$时,可以记$\sin x\sim x\sim\tan x$.

两个无穷小阶数的高低,表明两个无穷小趋向于零的速度的快慢程度.

$\lim\limits_{x\to 0}\frac{x^2}{x}=0$意味着$x^2$趋向于零的速度比$x$趋向于零的速度快,$\lim\limits_{x\to 0}\frac{\sin x}{x}=1$意味着$\sin x$趋向于零的速度与$x$趋向于零的速度相当.

等价无穷小在理论和应用上都极为重要,等价无穷小有下列性质:

定理 3 (等阶无穷小替换原理) 在自变量的同一变化过程中,$\alpha,\alpha',\beta,\beta'$都是无穷小,且$\alpha\sim\alpha'$,$\beta\sim\beta'$,$\lim\frac{\beta'}{\alpha'}$存在,则有$\lim\frac{\beta}{\alpha}=\lim\frac{\beta'}{\alpha'}$.

证
$$\begin{aligned}\lim\frac{\beta}{\alpha}&=\lim\left(\frac{\beta}{\beta'}\cdot\frac{\beta'}{\alpha'}\cdot\frac{\alpha'}{\alpha}\right)\\&=\lim\frac{\beta}{\beta'}\cdot\lim\frac{\beta'}{\alpha'}\cdot\lim\frac{\alpha'}{\alpha}\\&=\lim\frac{\beta'}{\alpha'}.\end{aligned}$$

由定理3可知,在求两个无穷小之比$\left(\text{记作}\frac{0}{0}\right)$的极限时,分子、分母均可用适当的等阶无穷小代替,从而简化计算.

例 1.25 证明$x\to 0$时,$1-\cos x\sim\frac{1}{2}x^2$.

证
$$\lim_{x\to 0}\frac{1-\cos x}{\frac{1}{2}x^2}=\lim_{x\to 0}\frac{2\sin^2\frac{x}{2}}{\frac{1}{2}x^2}=\lim_{x\to 0}\frac{2\left(\frac{x}{2}\right)^2}{\frac{1}{2}x^2}=1$$

所以 $x \to 0$ 时，$1-\cos x \sim \frac{1}{2}x^2$.

例 1.26　求极限$\lim\limits_{x\to 0}\frac{(x+2)\sin x}{\arcsin 2x}$.

解　因为 $x\to 0$ 时，$\sin x \sim x$，$\arcsin 2x \sim 2x$，所以

$$\lim_{x\to 0}\frac{(x+2)\sin x}{\arcsin 2x}=\lim_{x\to 0}\frac{(x+2)x}{2x}$$

$$=\lim_{x\to 0}\frac{x+2}{x}=1$$

注：显然无穷小替换原理给求极限带来了方便，但必须注意它只能适用于无穷小因子，否则会导致错误的结果.如 $n\to\infty$ 时，$\frac{1}{n+1}\sim\frac{1}{n}$，若在下列极限中错误用$\frac{1}{n}$替代$\frac{1}{n+1}$，有

$$\lim_{n\to\infty}\frac{\frac{1}{n+1}-\frac{1}{n}}{\frac{1}{n^2}}=\lim_{n\to\infty}\frac{\frac{1}{n}-\frac{1}{n}}{\frac{1}{n^2}}=0$$

而实际上，则

$$\lim_{n\to\infty}\frac{\frac{1}{n+1}-\frac{1}{n}}{\frac{1}{n^2}}=\lim_{n\to\infty}\frac{\frac{-1}{(n+1)n}}{\frac{1}{n^2}}=\lim_{n\to\infty}\frac{-n^2}{n^2+n}=-1$$

例 1.27　求极限$\lim\limits_{x\to 0}\frac{\tan x-\sin x}{x^3}$.

解
$$\lim_{x\to 0}\frac{\tan x-\sin x}{x^3}=\lim_{x\to 0}\frac{\tan(1-\cos x)}{x^3}=\lim_{x\to 0}\frac{x\cdot\frac{1}{2}x^2}{x^3}=\frac{1}{2}$$

例 1.28　求极限$\lim\limits_{x\to 0}\frac{\ln(1+x)}{x}$.

解
$$\lim_{x\to 0}\frac{\ln(1+x)}{x}=\lim_{x\to 0}\frac{1}{x}\ln(1+x)=\lim_{x\to 0}\ln(1+x)^{\frac{1}{x}}$$

$$=\ln\left[\lim_{x\to 0}(1+x)^{\frac{1}{x}}\right]=1$$

例 1.29　求极限$\lim\limits_{x\to0}\frac{e^x-1}{x}$.

解　令 $e^x-1=t$,则 $x=\ln(1+t)$.且当 $x\to0$ 时,$t\to0$.所以

$$\lim_{x\to0}\frac{e^x-1}{x}=\lim_{x\to0}\frac{t}{\ln(1+t)}=1$$

由例 1.28、例 1.29 有 $x\to0$ 时,$x\sim\ln(1+x)\sim e^x-1$.

例 1.30　求极限$\lim\limits_{x\to0}\frac{(1+x)^\alpha-1}{x}$($\alpha\neq0$,$\alpha$ 是常数).

解　令$(1+x)^\alpha-1=t$,则当 $x\to0$ 时,$t\to0$.且 $\alpha\ln(1+x)=\ln(1+t)$,即 $\ln(1+x)=\frac{1}{\alpha}\ln(1+t)$.又 $x\to0$ 时,$\ln(1+x)\sim x$.所以

$$\lim_{x\to0}\frac{(1+x)^\alpha-1}{x}=\lim_{x\to0}\frac{(1+x)^\alpha-1}{\ln(1+x)}$$

$$=\lim_{t\to0}\frac{t}{\frac{1}{\alpha}\ln(1+t)}=\lim_{t\to0}\frac{t}{\frac{1}{\alpha}\cdot t}=\alpha$$

综合以上讨论,可有如下等价无穷小:

当 $x\to0$ 时,$x\sim\sin x\sim\tan x\sim\arcsin x\sim\arctan x\sim\ln(1+x)\sim e^x-1$,$1-\cos x\sim\frac{1}{2}x^2$,$(1+x)^\alpha-1\sim\alpha x(\alpha\neq0)$.

这些等价无穷小在以后的运算中经常用到.

例 1.31　求极限$\lim\limits_{x\to a}\frac{\ln x-\ln a}{x-a}$.

解　$$\frac{\ln x-\ln a}{x-a}=\frac{\ln(a+x-a)-\ln a}{x-a}=\frac{\ln\left(1+\frac{x-a}{a}\right)}{x-a}$$

令$\frac{x-\alpha}{\alpha}=t$,则当 $x\to\alpha$ 时,$t\to0$.所以

$$\lim_{x\to\alpha}\frac{\ln x-\ln\alpha}{x-\alpha}=\lim_{t\to0}\frac{\ln(1+t)}{\alpha t}=\frac{1}{\alpha}$$

习题 1.5

1.填空题：

(1)曲线 $y=\mathrm{e}^{-x}$ 有__________渐近线，且渐近线方程为__________.

(2)曲线 $y=\dfrac{1}{x-2}$ 有铅直渐进线__________.

(3)当 $x\to\alpha$ 时，$\sin(x-\alpha)$ 是 $x-\alpha$ 的__________无穷小.

(4)当 $x\to 0$ 时，$2x+x^2$ 是 x^2+x^3 的__________阶无穷小.

(5)当 $x\to$__________时，e^x 是无穷大.

(6) $\lim\limits_{x\to 0}\dfrac{\sin 3x}{\tan 5x}=$__________.

(7) $\lim\limits_{x\to 0}\dfrac{\sqrt[3]{1+x}-1}{2x}=$__________.

(8) $\lim\limits_{x\to 0}\dfrac{\mathrm{e}^{x^2}-1}{\cos 2x-1}=$__________.

(9) $\lim\limits_{x\to -1}(x+1)\cos\dfrac{1}{x+1}=$__________.

2.选择题：

(1)下列变量在自变量给定变化趋势下不是无穷小的是(　　).

A. $\ln x\,(x\to 0^+)$　　　B. $x\sin\dfrac{1}{x}\,(x\to 0)$

C. $(x^2-1)x\,(x\to 1)$　　　D. $\mathrm{e}^{\frac{1}{x}}\,(x\to 0^-)$

(2)曲线 $f(x)=\dfrac{x-1}{x^2-1}$(　　).

A.只有水平渐进线　　　B.只有铅直渐近线

C.没有渐近线　　　D.有铅直渐近线和水平渐进线

(3)当 $n\to\infty$ 时，与 $\sin^2\dfrac{1}{n^2}$ 等价的无穷小是(　　).

A. $\ln\dfrac{1}{n^2}$　　　B. $\ln\left(1+\dfrac{1}{n^2}\right)$

C.$\ln\left(1+\frac{1}{n^4}\right)$　　D.$\ln\left(1+\frac{1}{n^2}\right)^2$

3.求下列极限：

(1)$\lim\limits_{x\to 0}\frac{\tan x-\sin x}{\ln(1-x^3)}$　　(2)$\lim\limits_{x\to 0}\frac{(e^x-1)\sin x}{1-\cos x}$

(3)$\lim\limits_{\Delta x\to 0}\frac{\ln(x+\Delta x)-\ln x}{\Delta x}$　　(4)$\lim\limits_{x\to 0}\frac{\sqrt[3]{1-2x^3}-1}{\arctan x^3}$

(5)$\lim\limits_{x\to \alpha}\frac{e^x-e^\alpha}{x-\alpha}$

1.6　函数的连续性

函数的连续性在自然界中体现为事物的连续变化，如气温的变化、河水的流动，植物的生长等.

1.6.1　函数连续性的概念

(1)函数在一点处的连续性

定义 1　设函数 $y=f(x)$在点 x_0 的某一邻域 $U(x_0)$内有定义，如果

$$\lim_{x\to x_0}f(x)=f(x_0)$$

则称函数 $y=f(x)$在点 x_0 **连续**，称 x_0 为函数 $f(x)$的连续点.

例 1.32　判断函数 $f(x)=\begin{cases}x-1 & x<0\\ 2 & x=0\\ x+2 & x>0\end{cases}$ 在点 $x=0$ 处的连续性.

解　函数 $f(x)$在 $x=0$ 处及其邻域内有定义，且 $f(0)=2$，$f(0^-)=\lim\limits_{x\to 0^-}f(x)=\lim\limits_{x\to 0^-}(x-1)=-1$，$f(0^+)=\lim\limits_{x\to 0^+}f(x)=\lim\limits_{x\to \infty}(x+2)=2$，故$f(0^-)\neq f(0^+)$，因此函数 $f(x)$在点 $x=0$ 处不连续.

在例 1.32 中，虽然 $f(0^-)\neq f(0^+)$，但有 $f(0^+)=f(0)$.一般地，可给出函数 $y=f(x)$在点 x_0 左右连续的概念.

如果 $f(x_0^-)=f(x_0)$，则称函数 $y=f(x)$ 在点 x_0 左连续；如果 $f(x_0^+)=f(x_0)$，则称函数 $y=f(x)$ 在点 x_0 右连续.

根据函数 $y=f(x)$ 在点 x_0 连续的条件 $f(x_0^-)=f(x_0^+)=f(x_0)$，可得函数 $f(x)$ 在点 x_0 连续的充要条件是函数 $f(x)$ 在点 x_0 既左连续又右连续.

对函数 $f(x)$ 在点 x_0 的连续性，还可以利用增量的概念来研究.

变量 u 的增量：当变量 u 的值从 u_1 变到 u_2 时，差值 u_2-u_1 称为变量 u 的**增量（或改变量）**，记作 Δu，即 $\Delta u=u_2-u_1$.

注：Δu 的值可正可负；Δu 是一个整体符号，不可分.

设函数 $y=f(x)$ 在点 x_0 的某一邻域内有定义，当自变量 x 在该邻域内从 x_0 变到 $x_0+\Delta x$ 产生增量 Δx 时，函数 $y=f(x)$ 相应地从 $f(x_0)$ 变到 $f(x_0+\Delta x)$，产生函数增量 $\Delta y=f(x_0+\Delta x)-f(x_0)$，如图 1.30 所示.

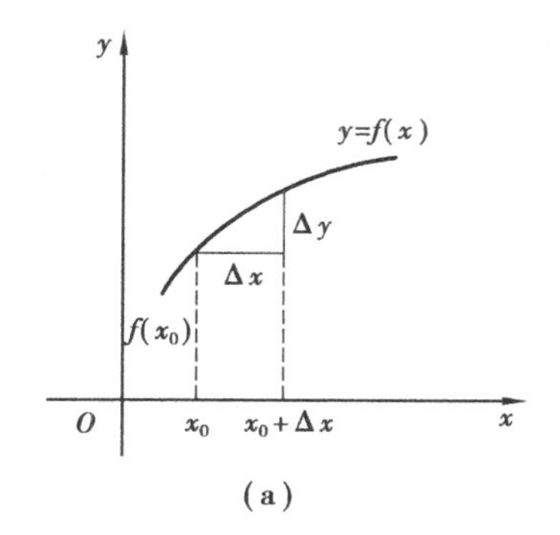

(a)

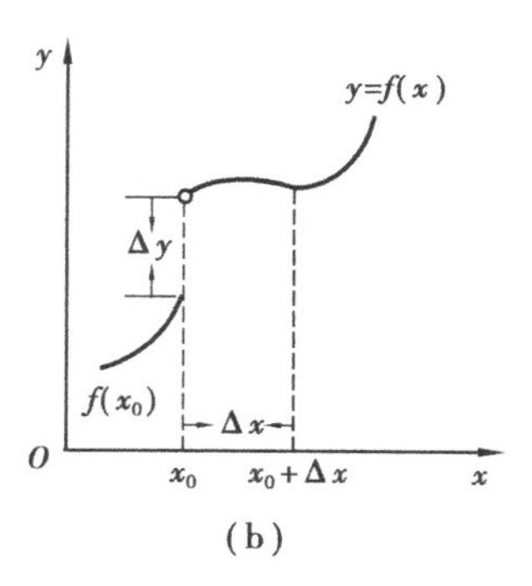

(b)

图 1.30

在图 1.30(a) 中，当 $\Delta x\to 0$ 时，增量 $\Delta y=f(x_0+\Delta x)-f(x_0)$ 趋于零，在图 1.30(b) 中则不然.

定义 2　设函数 $y=f(x)$ 在点 x_0 的某一邻域内有定义，如果当自变量 Δx 趋于零时，对应的函数增量 $\Delta y=f(x_0+\Delta x)-f(x_0)$ 也趋于零，即

$$\lim_{\Delta x\to 0}\Delta y=0$$

则称函数 $y=f(x)$ 在点 x_0 连续.

因为在 $\Delta x\to 0$ 的过程中，$x_0+\Delta x$ 也随着发生改变，即 $x_0+\Delta x$ 是一变量.令 $x=x_0+\Delta x$，则 $\Delta x\to 0$ 时，$x\to x_0$.此时，由

$$\lim_{\Delta x \to 0} \Delta y = \lim_{\Delta x \to 0} [f(x_0 + \Delta x) - f(x_0)]$$
$$= \lim_{x \to x_0} [f(x) - f(x_0)]$$
$$= \lim_{x \to x_0} f(x) - f(x_0) = 0$$

得到$\lim\limits_{x \to x_0} f(x) = f(x_0)$，此即定义 1.

可见，定义 1 和定义 2 只是从不同角度出发讨论同一问题，其实质是完全一样的.

(2)函数在区间上的连续性

若函数 $f(x)$在开区间(a,b)内每一点都连续，则称函数 $f(x)$在区间(a,b)内连续，此时称函数 $f(x)$为区间(a,b)内的连续函数.

若函数在开区间(a,b)内连续，且在左端点 a 处右连续，在右端点 b 处左连续，则称函数 $f(x)$在闭区间$[a,b]$上连续，函数 $f(x)$为闭区间$[a,b]$上的连续函数.

连续函数的图像是一条连续而不间断的曲线.

基本初等函数在其定义域内连续；多项式 $f(x)$在区间$(-\infty,+\infty)$内连续；有理分式函数$\dfrac{P(x)}{Q(x)}$，只要 $Q(x_0) \neq 0$，就有$\lim\limits_{x \to x_0} \dfrac{P(x)}{Q(x)} = \dfrac{P(x_0)}{Q(x_0)}$，即在其定义域内连续.

例 1.33　用定义 2 证明函数 $y = \sin x$ 在$(-\infty,+\infty)$内连续.

证　任取 $x \in (-\infty,+\infty)$，当 x 有增量 Δx 时，对应的函数增量为

$$\Delta y = \sin(x + \Delta x) - \sin x$$
$$= 2\sin\frac{\Delta x}{2} \cdot \cos\left(x + \frac{\Delta x}{2}\right)$$

当 $\Delta x \to 0$ 时，$\sin\dfrac{\Delta x}{2}$为无穷小，$\cos\left(x + \dfrac{\Delta x}{2}\right)$为有界函数，由无穷小的性质知，$\sin\dfrac{\Delta x}{2} \cdot \cos\left(x + \dfrac{\Delta x}{2}\right)$是当 $\Delta x \to 0$ 时的无穷小，从而$\lim\limits_{\Delta x \to 0} \Delta y = 0$，即函数 $y = \sin x$ 在点 x 连续.由 x 的任意性，可得函数 $y = \sin x$ 在$(-\infty,+\infty)$内连续.

1.6.2　间断点及其分类

定义 3　函数 $y = f(x)$在点 $x = x_0$ 连续是指$\lim\limits_{x \to x_0} f(x) = f(x_0)$，这里包含了 3

个条件：

①函数 $y=f(x)$ 在点 $x=x_0$ 处有定义(即 $f(x_0)$ 存在)；

②极限 $\lim\limits_{x\to x_0}f(x)$ 存在；

③极限 $\lim\limits_{x\to x_0}f(x)$ 恰好等于 $f(x_0)$.

这3个条件中任何一个不满足，函数 $f(x)$ 在点 x_0 处都是间断的.

一般地，把间断点分成两类：设 x_0 为 $f(x)$ 的间断点，若函数 $f(x)$ 的左极限 $f(x_0^-)$ 和右极限 $f(x_0^+)$ 都存在，则称 x_0 为 $f(x)$ 的第一类间断点；若 $f(x_0^-)$ 与 $f(x_0^+)$ 至少有一个不存在，则称 x_0 为 $f(x)$ 的第二类间断点.通常第一类间断点又包括可去间断点和跳跃间断点，第二类间断点常见的有无穷间断点和振荡间断点.下面举例说明.

① $\lim\limits_{x\to x_0}f(x)$ 存在，但不等于 $f(x_0)$ 或者 $f(x)$ 在点 $x=x_0$ 处没有定义.

例 1.34　讨论函数

$$y=f(x)=\begin{cases} x & x\neq 1 \\ \dfrac{1}{2} & x=1 \end{cases}$$

在点 $x=1$ 处的连续性.

解　由于 $\lim\limits_{x\to 1}f(x)=\lim\limits_{x\to 1}x=1$，而 $f(1)=\dfrac{1}{2}$，故

$$\lim_{x\to 1}f(x)\neq f(1)$$

因此，点 $x=1$ 是函数 $f(x)$ 的间断点.但若改变函数 $f(x)$ 在 $x=1$ 处的定义，令 $f(1)=1$，则点 $x=1$ 就是 $f(x)$ 的连续点.

例 1.35　讨论函数 $y=f(x)=\dfrac{\sin x}{x}$ 在点 $x=0$ 处的连续性.

解　因为 $f(x)$ 在点 $x=0$ 处没有定义，所以 $x=0$ 是 $f(x)$ 的间断点.但若补充定义 $f(0)=1$，即令

$$y=f(x)=\begin{cases} \dfrac{\sin x}{x} & x\neq 0 \\ 1 & x=0 \end{cases}$$

则点 $x=0$ 就是 $f(x)$ 的连续点.

由例 1.34、例 1.35 可知，这种情形的间断点是非本质的，因为只要改变(或补充定义)$f(x_0)$，间断点就可以去掉，故该间断点称为**可去间断点**.

②函数 $f(x)$在 x_0 处左右极限都存在但不相等，即

$$\lim_{x\to x_0^-} f(x) \neq \lim_{x\to x_0^+} f(x)$$

考虑例 1.32 中的函数，有 $\lim\limits_{x\to 0^-} f(x)=-1$，$\lim\limits_{x\to 0^+} f(x)=2$，故 $f(x)$在点 $x=0$ 处间断.如图 1.31 所示，自变量 x 由点 0 的左侧变到右侧，有一个“跳跃”，故该间断点称为**跳跃间断点**.

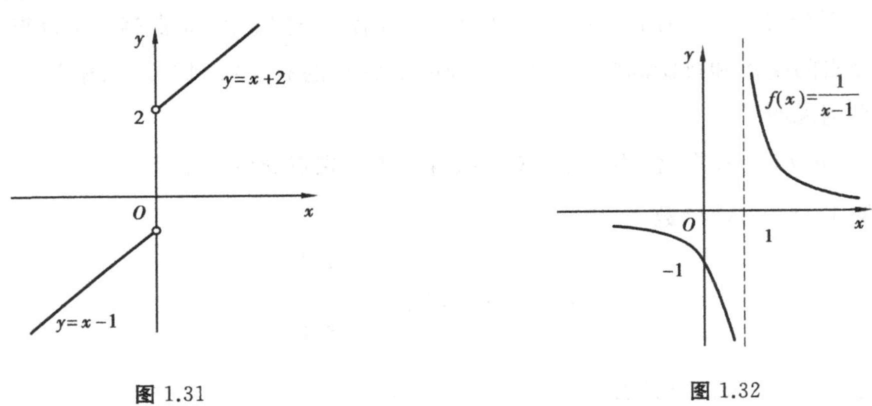

图 1.31　　图 1.32

③函数 $y=f(x)$在 $x=x_0$ 处左右极限至少有一个不存在.

例 1.36　讨论函数 $y=f(x)=\dfrac{1}{x-1}$在点 $x=1$ 处的连续性.

解　由于

$$\lim_{x\to 1^-} f(x)=\lim_{x\to 1^-}\frac{1}{x-1}=-\infty$$

$$\lim_{x\to 1^+} f(x)=\lim_{x\to 1^+}\frac{1}{x-1}=+\infty$$

因此，$\lim\limits_{x\to 1} f(x)$不存在，函数 $f(x)$在点 $x=1$ 间断，故该间断点称为**无穷间断点**.其图形如图 1.32 所示.

例 1.37　讨论函数 $y=f(x)=\sin\dfrac{1}{x}$在点 $x=0$ 处的连续性.

解　函数 $f(x)=\sin\dfrac{1}{x}$在点 $x=0$ 处没有定义，当 $x\to 0$ 时，函数 $f(x)$在 1 与

-1 之间做无限次振动致使 $\lim\limits_{x\to 0}f(x)$ 不存在(见图 1.33),所以 $f(x)$ 在点 $x=0$ 处处间断,故该间断点称为**振荡间断点**.

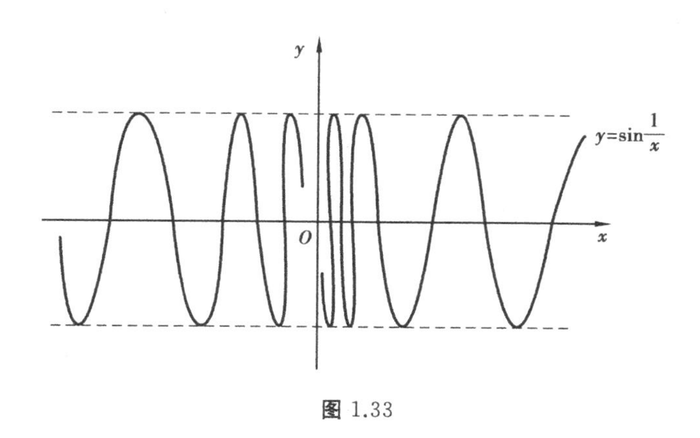

图 1.33

1.6.3　连续函数的运算法则和初等函数的连续性

(1)连续函数的四则运算

结合函数在点 x_0 处连续的定义及极限的四则运算法则,不难得到如下定理:

定理 1　设函数 $f(x)$ 与 $g(x)$ 在点 x_0 处连续,则函数 $f(x)\pm g(x)$,$f(x)g(x)$,$\frac{f(x)}{g(x)}(g(x_0)\neq 0)$ 在点 x_0 处连续.

推论　若函数 $f(x)$ 与 $g(x)$ 在点 x_0 处连续,则对 $\forall\alpha,\beta\in\mathbf{R}$,函数 $\alpha f(x)+\beta g(x)$ 在点 x_0 处连续.

(2)复合函数的连续性

定理 2　设函数 $y=f(u)$ 在点 $u=u_0$ 处连续,函数 $u=\varphi(x)$ 在点 $x=x_0$ 处连续,且 $u_0=\varphi(x_0)$,则复合函数 $y=f[\varphi(x)]$ 在点 $x=x_0$ 处连续.

推论　设 $\lim\limits_{x\to x_0}\varphi(x)=u_0$,$y=f(u)$ 在点 $u=u_0$ 处连续,则 $\lim\limits_{x\to x_0}f[\varphi(x)]=f[\lim\limits_{x\to x_0}\varphi(x)]$.

推论表明,如果函数 $u=\varphi(x)$ 在 x_0 的极限为 u_0,而函数 $y=f(u)$ 在点 u_0 连续,则求极限 $\lim\limits_{x\to x_0}f[\varphi(x)]$ 时,可将极限符号 $\lim\limits_{x\to x_0}$ 与函数符号 f 进行运算次序上的交换.

(3)反函数的连续性

定理 3　如果函数 $y=f(x)$在区间 I_x 上单调增加(或减少)且连续,则它的反函数 $x=f^{-1}(y)$也在对应区间 $I_y=\{y \mid y=f(x),x\in I_x\}$上单调增加(减少)且连续.

如正弦函数 $y=\sin x$ 在区间$\left[-\frac{\pi}{2},\frac{\pi}{2}\right]$上单调增加且连续,反正弦函数 $y=\arcsin x$ 在区间$[-1,1]$上同样单调增加且连续.

(4)初等函数的连续性

一切初等函数在其定义区间内都是连续的.

若 $f(x)$是初等函数,且 x_0 是 $f(x)$定义区间内的点,则$\lim\limits_{x\to x_0}f(x)=f(x_0)$.即要求极限$\lim\limits_{x\to x_0}f(x)$值,只需计算函数值 $f(x_0)$.

例如,$x=\frac{\pi}{2}$是函数 $y=\ln\sin x$ 定义区间内的点,所以

$$\lim_{x\to\frac{\pi}{2}}\ln\sin x=\ln\sin\frac{\pi}{2}=0$$

1.6.4　闭区间上连续函数的性质

(1)最大值、量小值定理

定理 4(最大值、量小值定理)　如果函数 $f(x)$在闭区间$[a,b]$上连续,则它在$[a,b]$上一定有最大值和最小值.

注:“闭区间”“连续”条件不满足,函数也可能有最大值或最小值.例如

$$f(x)=\begin{cases} x & 0<x\leqslant 1 \\ -1-x & -1<x\leqslant 0\end{cases}$$

在$(-1,1]$上不连续,但有最大值 1 和最小值-1.

推论(有界性定理)如果函数 $f(x)$在闭区间$[a,b]$上连续,则它在$[a,b]$上有界.即存在常数 $K>0$,使$|f(x)|\leqslant K,x\in[a,b]$.

(2)零点定理、介值定理

若 $f(x_0)=0$,则称 x_0 为函数 $f(x)$的零点.

定理 5(零点定理)　如果函数 $f(x)$ 在闭区间 $[a,b]$ 上连续，且 $f(a)\cdot f(b)<0$，则一定有零点 $\xi\in(a,b)$，使 $f(\xi)=0$.

例 1.38　证明方程 $x^5-5x-1=0$ 在 $(1,2)$ 内至少有一个根.

证　设 $f(x)=x^5-5x-1$，则 $f(x)$ 在 $[1,2]$ 上连续.因为 $f(1)=-5$，$f(2)=21$，故 $f(1)\cdot f(2)<0$，由零点定理知，存在 $\xi\in(1,2)$，使 $f(\xi)=0$，即 $\xi^5-5\xi-1=0$，说明方程 $x^5-5x-1=0$ 在 $(1,2)$ 内至少有一个根.

定理 6(介值定理)　如果函数 $f(x)$ 在闭区间 $[a,b]$ 上连续，且在此区间的端点处取不同的函数值：$f(a)=A$，$f(b)=B$，则对 A，B 之间的任意数 C，至少有一点 $\xi\in(a,b)$，使 $f(\xi)=C$.

推论　闭区间上的连续函数定能取得介于最大值和最小值之间的任何值.

习题 1.6

1.填空题：

(1)函数 $y=f(x)$ 在点 x_0 有定义是函数 $y=f(x)$ 在点 x_0 连续的________条件.

(2) $x=1$ 是函数 $y=\dfrac{x^2-1}{x^2-3x+2}$ 的第____类间断点，$x=2$ 是该函数的第____类间断点.

2.下列函数在 $x=0$ 处是否连续？为什么？

(1) $f(x)=\begin{cases} x^2\sin\dfrac{1}{x} & x\neq 0 \\ 0 & x=0 \end{cases}$　　(2) $f(x)=\begin{cases} e^x & x\leqslant 0 \\ \dfrac{\sin x}{x} & x>0 \end{cases}$

3.求下列极限：

(1) $\lim\limits_{x\to 0} e^{\sin x}$　　(2) $\lim\limits_{x\to 0}\ln\dfrac{\sin x}{x}$

(3) $\lim\limits_{x\to 0}\ln\dfrac{\sqrt{x+1}-1}{x}$

4.证明方程 $x^3+3x^2-1=0$ 在区间(0,1)内至少有一个根.

5.设函数 $f(x)=\begin{cases}2-e^{-x} & x<0\\ a+x & x\geqslant 0\end{cases}$ 在定义域内连接.试确定 a 的值.

1.7 应用实例

极限思想方法是微积分的基础，是高等数学中必不可少的重要方法.在后面将要学习的导数、积分都是在极限概念的基础上研究问题的，这在以后的学习中将会有所体会.在实际应用中，许多问题的研究也经常用到极限思想.

例 1.39(**连续复利问题**) 经济学中的"连续复利"的概念正是借助了极限的思想.下面做一简单介绍.

设一笔贷款 A_0(称为本金)，年利率为 r，则：

一年后本利和为

$$A_1=A_0(1+r)$$

两年后本利和为

$$A_2=A_1(1+r)=A_0(1+r)^2$$

k 年后本利和为

$$A_k=A_0(1+r)^k$$

如果一年分 n 期计息，年利率为 r，则每期利率为 $\frac{r}{n}$，于是一年后的本利和为

$$A_1=A_0\left(1+\frac{r}{n}\right)^n$$

k 年后的本利和为

$$A_k=A_0\left(1+\frac{r}{n}\right)^{nk}$$

若计息期数 $n\to\infty$，即每时每刻计算复利(称为连续复利)，则 k 年后的本利和为

$$A_k=\lim_{n\to\infty}A_0\left(1+\frac{r}{n}\right)^{nk}$$

$$=\lim_{n\to\infty}A_0\left[\left(1+\frac{1}{\frac{r}{n}}\right)^{\frac{n}{r}}\right]^{rk}$$

$$=A_0e^{rk}$$

式中，$A_k=A_0e^{rk}$在经济学中就称为连续复利公式.

注:①连续复利公式与e有关.事实上，在许多关于连续增长或衰退的模型中总会发现e的踪影.如生物增长模型 $P(t)=P_0e^{(m-n)t}$，其中，P_0 为初始生物数量，m 为出生率，n 为死亡率，$P(t)$为时刻 t 的生物数量.

物理学中放射性物质的衰变，物质在介质(空气、水等)中冷却时物体的温度，化学反应中生成物浓度，也都随时间变化，并满足形如 $u(t)=a+be^{-kt}$ 的模型.

②连续复利是一个理论公式，在做理论分析时被经常采用.并且，当 n 很大，r 又比较小时可作为复利的一种近似估计.

例1.40　某人在银行存入1 000元，复利率为每年10%，以连续复利计息，那么，10年后这个人在银行的存款额为多少?

解　由题意可知，10年后这个人在银行的存款额为

$$A_{10}=1\ 000\cdot e^{10\times10\%}\approx2\ 718.28\text{元}$$

练习　现有本金1万元，假设银行年利率是5%，采用连续复利计息，经过多少年，本利和能达到2万元?

单元检测1

1.填空题:

(1)设 $f\left(x+\frac{1}{x}\right)=x^2+\frac{1}{x^2}+1$，则 $f(x)=$____________.

(2)设 $\lim\limits_{x\to\infty}\left(1-\frac{a}{x}\right)^x=e^{-1}$，则 $a=$____________.

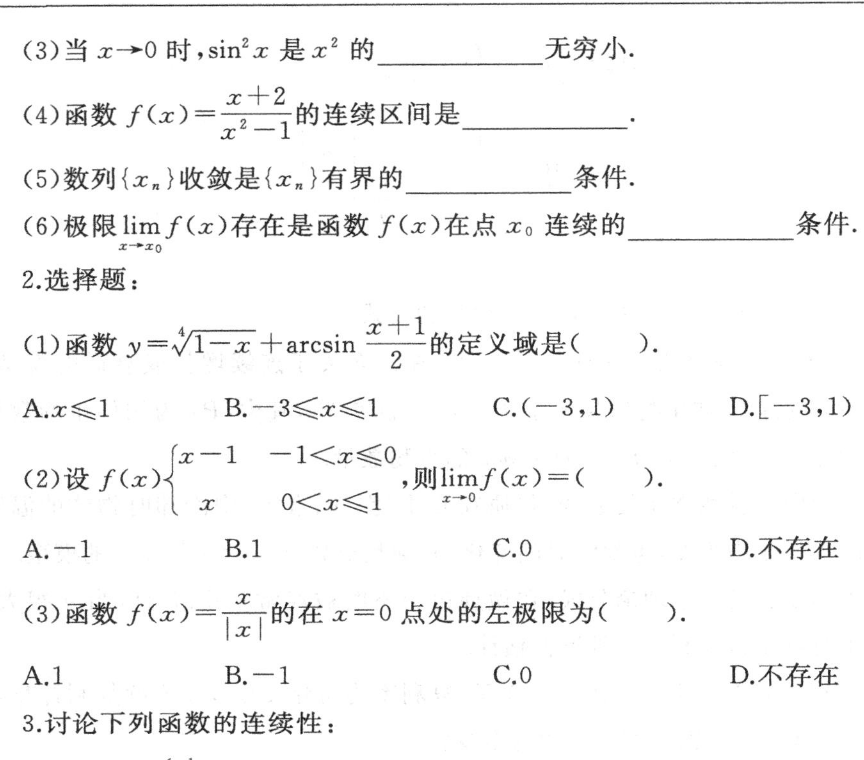

(3)当 $x\to 0$ 时，$\sin^2 x$ 是 x^2 的____________无穷小.

(4)函数 $f(x)=\dfrac{x+2}{x^2-1}$的连续区间是____________.

(5)数列$\{x_n\}$收敛是$\{x_n\}$有界的____________条件.

(6)极限$\lim\limits_{x\to x_0}f(x)$存在是函数 $f(x)$在点 x_0 连续的____________条件.

2.选择题：

(1)函数 $y=\sqrt[4]{1-x}+\arcsin\dfrac{x+1}{2}$的定义域是(　　).

A.$x\leqslant 1$　　B.$-3\leqslant x\leqslant 1$　　C.$(-3,1)$　　D.$[-3,1)$

(2)设 $f(x)\begin{cases}x-1 & -1<x\leqslant 0\\ x & 0<x\leqslant 1\end{cases}$，则$\lim\limits_{x\to 0}f(x)=($　　$)$.

A.-1　　B.1　　C.0　　D.不存在

(3)函数 $f(x)=\dfrac{x}{|x|}$的在 $x=0$ 点处的左极限为(　　).

A.1　　B.-1　　C.0　　D.不存在

3.讨论下列函数的连续性：

(1)$f(x)=\begin{cases}e^{\frac{1}{x}} & x<0\\ 1 & x=0\\ x & x>0\end{cases}$　　(2)$f(x)=\begin{cases}x\sin\dfrac{1}{x} & x<0\\ x & x\geqslant 0\end{cases}$

4.验证方程 $x\cdot 4^x=2$ 在区间$(0,1)$内至少有一个根.

第 2 章　导数与微分

微分学是微积分的重要组成部分，它最基本的概念就是导数和微分.导数反映函数相对于自变量变化的快慢程度，微分反映当自变量有微小变化时函数变化的近似值.本章将在极限的基础上介绍这两个概念及其计算方法，并简要介绍微分在近似计算上的应用.

2.1　导数的概念

在实际问题中，除了需要了解变量之间的函数关系之外，经常要考虑一个函数的因变量随自变量变化的快慢情况，如城市人口增长速度、劳动生产率以及国民经济增长速度等.导数概念就是从这类问题中抽象出来的.现来看两个实例.

2.1.1　引例

(1)变速直线运动的瞬时速度问题

设做变速直线运动的质点的运动规律为 $s=f(t)$，则从时刻 t_0 到 t 这段时间内，质点从位置 $s_0=f(t_0)$ 移动到 $s_t=f(t)$，平均速度为

$$\overline{v}=\frac{s_t-s_0}{t-t_0}=\frac{f(t)-f(t_0)}{t-t_0} \tag{2.1}$$

虽然时间间隔越短，该比值式(2.1)就越能比较准确地反映出质点在时刻 t_0 运动的快慢程度，因此，质点在 t_0 时刻的瞬间速度 $v(t_0)$ 应该是 $t\to t_0$ 时平均速度 $\overline{v}$ 的极限，即

$$v(t_0)=\lim_{t\to t_0}\frac{f(t)-f(t_0)}{t-t_0}$$

(2)切线问题

设有曲线 C,在 C 上取一定点 M,再取不同于点 M 的一点 N,作割线 MN.当点 N 沿曲线 C 趋于点 M 时,割线 MN 会趋于某一极限位置 MT,故将直线 MT 称为曲线 C 在点 M 处的切线.

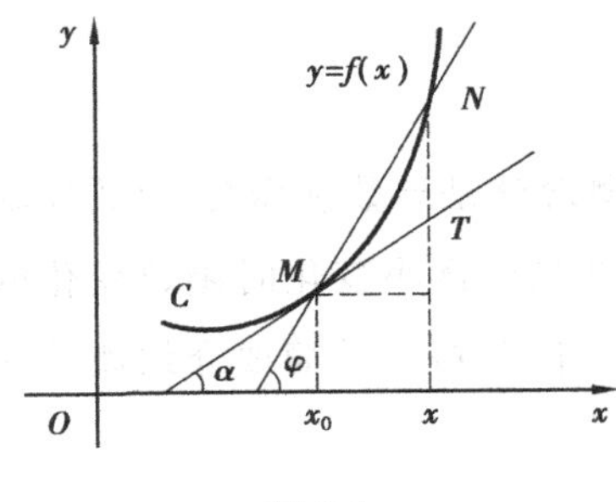

图 2.1

现在就曲线 C 为函数 $y=f(x)$ 的图形的情形来讨论切线的斜率问题.设 $M(x_0,y_0)$ 是曲线 C 上的一个点(见图 2.1),在点 M 外另取 C 上的一点 $N(x,y)$,于是割线 MN 的斜率为

$$\tan\varphi=\frac{y-y_0}{x-x_0}=\frac{f(x)-f(x_0)}{x-x_0}$$

式中,φ 为割线 MN 的倾角.当点 N 沿曲线 C 趋于点 M 时,$x\to x_0$.

如果当 $x\to x_0$ 时,上式的极限存在,设为 k,即

$$k=\lim_{x\to x_0}\frac{f(x)-f(x_0)}{x-x_0}$$

则此极限 k 就是切线的斜率.这里 $k=\tan\alpha$,其中,α 是切线 MT 的倾角.于是,通过点 $M(x_0,f(x_0))$ 且以 k 为斜率的直线 MT 便是曲线 C 在点 M 处的切线.

2.1.2 导数的概念

(1)函数在一点处的导数与导函数

上面所讨论的两个问题,变速直线运动的瞬时速度和切线的斜率都归结为如下的极限,即

$$\lim_{x\to x_0}\frac{f(x)-f(x_0)}{x-x_0}$$

令 $x=x_0+\Delta x$,则 $x\to x_0$ 相当于 $\Delta x\to 0$,$\Delta y=f(x)-f(x_0)=f(x_0+\Delta x)-f(x_0)$.于是

$$\lim_{x\to x_0}\frac{f(x)-f(x_0)}{x-x_0}=\lim_{\Delta x\to 0}\frac{\Delta y}{\Delta x}=\lim_{\Delta x\to 0}\frac{f(x_0+\Delta x)-f(x_0)}{\Delta x} \tag{2.2}$$

式(2.2)反映了函数 $f(x)$ 在点 x_0 处精确的变化率.

在自然科学、工程技术领域、经济领域及社会科学的研究中,有许多关于变化

率的问题都可归结为形如式(2.2)的数学形式.于是抛开这些量的实际意义,抓住它们在数量关系上的共性,就可抽象出函数导数的概念.

定义1　设函数 $y=f(x)$ 在点 x_0 的某个邻域内有定义,当自变量 x 在 x_0 处取得增量 Δx(点 $x_0+\Delta x$ 仍在该邻域内)时,相应地函数 y 取得增量 $\Delta y=f(x_0+\Delta x)-f(x_0)$,如果 Δy 与 Δx 之比当 $\Delta x\to 0$ 时的极限存在,则称函数 $y=f(x)$ 在点 x_0 处可导,并称这个极限为函数 $y=f(x)$ 在点 x_0 处的**导数**,记为

$$y'\Big|_{x=x_0}\qquad f'(x_0)\qquad \frac{\mathrm{d}y}{\mathrm{d}x}\Big|_{x=x_0}\text{或}\frac{\mathrm{d}f(x)}{\mathrm{d}x}\Big|_{x=x_0}$$

即

$$f'(x_0)=\lim_{\Delta x\to 0}\frac{\Delta y}{\Delta x}=\lim_{\Delta x\to 0}\frac{f(x_0+\Delta x)-f(x_0)}{\Delta x}\tag{2.3}$$

此时也称 $y=f(x)$ 在点 x_0 处具有导数或导数存在.如果极限式(2.3)不存在,则称函数 $y=f(x)$ 在点 x_0 处不可导.如果不可导的原因是因为 $\Delta x\to 0$ 时,$\frac{\Delta y}{\Delta x}\to\infty$,这时称函数 $y=f(x)$ 在点 x_0 处的导数为无穷大.

注:导数的定义式(2.3)也可取其他的不同形式,常见的有

$$f'(x_0)=\lim_{\Delta x\to 0}\frac{f(x_0+h)-f(x_0)}{h}$$

或

$$f'(x_0)=\lim_{x\to x_0}\frac{f(x)-f(x_0)}{x-x_0}$$

从导数定义可知,导数形式上就是 $\frac{\Delta y}{\Delta x}$ 当 $\Delta x\to 0$ 时的极限.而本质上,它反映了因变量相对于自变量的变化快慢(大小)程度,是函数变化率的本质.

以上给出的是函数在一点处可导的概念,如果函数 $y=f(x)$ 在开区间 (a,b) 内的每一点处都可导,那么就称函数 $y=f(x)$ 在开区间 $(a、b)$ 内可导,或称函数 $f(x)$ 是开区间 (a,b) 内的可导函数.这时,对任一 $x\in(a,b)$,都对应着 $f(x)$ 的一个确定的导数值,这样就构成了一个新的函数,称这个函数为 $y=f(x)$ 在区间 (a,b) 内的**导函数**,记作 y',$f'(x)$,$\frac{\mathrm{d}y}{\mathrm{d}x}$,或 $\frac{\mathrm{d}f(x)}{\mathrm{d}x}$.这时

$$f'(x)=\lim_{\Delta x\to 0}\frac{f(x+\Delta x)-f(x)}{\Delta x}$$

显然，函数 $y=f(x)$ 在点 x_0 处的导数 $f'(x_0)$ 就是导函数 $f'(x)$ 在点 $x=x_0$ 处的函数值，即

$$f'(x_0)=f'(x)\big|_{x=x_0}$$

(2)左导数与右导数

定义 2 设函数 $f(x)$ 在点 x_0 及左侧附近有定义，任给自变量的增量 $\Delta x<0$，记相应函数的增量为 $\Delta y=f(x_0+\Delta x)-f(x_0)$，如果极限

$$\lim_{\Delta x\to 0^-}\frac{\Delta y}{\Delta x}=\lim_{\Delta x\to 0^-}\frac{f(x_0+\Delta x)-f(x_0)}{\Delta x}=\lim_{x\to x_0^-}\frac{f(x)-f(x_0)}{x-x_0}$$

存在，则其极限值称为函数 $y=f(x)$ 在点 x_0 处的左导数，记为 $f'_-(x_0)$.类似地，可定义右导数.

设函数 $f(x)$ 在点 x_0 及右侧附近有定义，任给自变量的增量 $\Delta x>0$，记相应函数的增量为 $\Delta y=f(x_0+\Delta x)-f(x_0)$，如果极限

$$\lim_{\Delta x\to 0^+}\frac{\Delta y}{\Delta x}=\lim_{\Delta x\to 0^+}\frac{f(x_0+\Delta x)-f(x_0)}{\Delta x}=\lim_{x\to x_0^+}\frac{f(x)-f(x_0)}{x-x_0}$$

存在，则其极限值称为函数 $y=f(x)$ 在点 x_0 处的右导数，记为 $f'_+(x_0)$.

另外，有下面的定理：

定理 1 函数在点 x_0 处可导的充要条件是函数在点 x_0 处左、右导数都存在且相等.

下面根据导数的定义求一些简单函数的导数.

例 2.1 求函数 $f(x)=C$（C 为常数）的导数.

解
$$f'(x)=\lim_{\Delta x\to 0}\frac{f(x+\Delta x)-f(x)}{\Delta x}=\lim_{\Delta x\to 0}\frac{C-C}{\Delta x}=0$$

所以

$$(C)'=0$$

即常数的导数等于零.

例 2.2 求函数 $f(x)=x^3$ 的导数.

解
$$f'(x)=\lim_{\Delta x\to 0}\frac{f(x+\Delta x)-f(x)}{\Delta x}=\lim_{\Delta x\to 0}\frac{(x+\Delta x)^3-x^3}{\Delta x}$$

$$=\lim_{\Delta x\to 0}(3x^2+3x\Delta x+(\Delta x)^2)=3x^2$$

即

$$(x^3)'=3x^2$$

对幂函数，一般有

$$(x^a)'=ax^{a-1}\qquad a\text{ 为实数}$$

例 2.3　求函数 $f(x)=\sin x$ 的导数.

解　$$f'(x)=\lim_{\Delta x\to 0}\frac{f(x+\Delta x)-f(x)}{\Delta x}=\lim_{\Delta x\to 0}\frac{\sin(x+\Delta x)-\sin x}{\Delta x}$$

$$=\lim_{\Delta x\to 0}\frac{2\cos\left(x+\frac{\Delta x}{2}\right)\sin\frac{\Delta x}{2}}{\Delta x}=\lim_{\Delta x\to 0}\cos\left(x+\frac{\Delta x}{2}\right)\frac{\sin\frac{\Delta x}{2}}{\frac{\Delta x}{2}}$$

$$=\lim_{\Delta x\to 0}\frac{2\cos\left(x+\frac{\Delta x}{2}\right)\sin\frac{\Delta x}{2}}{\Delta x}=\lim_{\Delta x\to 0}\cos\left(x+\frac{\Delta x}{2}\right)\frac{\sin\frac{\Delta x}{2}}{\frac{\Delta x}{2}}$$

$$=\cos x$$

即

$$(\sin x)'=\cos x$$

用类似的方法，可求得 $(\cos x)'=-\sin x$.

例 2.4　求函数 $f(x)=a^x(a>0,a\neq 1)$ 的导数.

解　$$f'(x)=\lim_{h\to 0}\frac{f(x+h)-f(x)}{h}=\lim_{h\to 0}\frac{a^{x+h}-a^x}{h}=a^x\lim_{h\to 0}\frac{a^h-1}{h}$$

$$=a^x\lim_{h\to 0}\frac{e^{h\ln a}-1}{h}=a^x\lim_{h\to 0}\frac{h\ln a}{h}=a^x\ln a$$

即

$$(a^x)'=a^x\ln a$$

特别地，当 $a=e$ 时，有

$$(e^x)'=e^x$$

例 2.5　求函数 $f(x)=|x|$ 在 $x=0$ 处的导数.

解　$$\lim_{h\to 0}\frac{f(x+h)-f(x)}{h}=\lim_{h\to 0}\frac{|h|}{h}$$

当 $h>0$ 时，$|h|=h$；当 $h<0$ 时，$|h|=-h$.于是

$$\lim_{h\to0^-}\frac{|h|}{h}=\lim_{h\to0^-}(-1)=-1 \qquad \lim_{h\to0^+}\frac{|h|}{h}=\lim_{h\to0^+}1=1$$

所以极限 $\lim\limits_{h\to0}\frac{|h|}{h}$ 不存在，即函数 $f(x)=|x|$ 在 $x=0$ 处不可导.

(3)导数的几何意义

由切线问题的讨论及导数的定义可知，函数 $f(x)$ 在点 x_0 处的导数 $f'(x_0)$ 在几何意义上表示曲线 $f(x)$ 在点 $M(x_0,f(x_0))$ 处的切线的斜率，即

$$f'(x_0)=\tan\alpha$$

其中，α 是切线的倾角.

由直线的点斜式方程可知，曲线 $f(x)$ 在点 $M(x_0,f(x_0))$ 处的切线方程为

$$y-y_0=f'(x_0)(x-x_0)$$

过切点 $M(x_0,f(x_0))$ 且与切线垂直的直线称为曲线 $f(x)$ 在点 M 处的**法线**.

如果 $f'(x_0)\neq0$，法线的斜率为 $-\frac{1}{f'(x_0)}$，从而法线方程为

$$y-y_0=-\frac{1}{f'(x_0)}(x-x_0)$$

例 2.6　求曲线 $y=\frac{1}{x}$ 在点 $\left(\frac{1}{2},2\right)$ 处的切线方程与法线方程.

解　由导数的几何意义知，所求切线的斜率为

$$y'\Big|_{x=\frac{1}{2}}=-\frac{1}{x^2}\Big|_{x=\frac{1}{2}}=-4$$

所以切线方程为

$$y-2=-4\left(x-\frac{1}{2}\right)$$

即

$$4x+y-4=0$$

法线方程为

$$y-2=\frac{1}{4}\left(x-\frac{1}{2}\right)$$

即

$$2x - 8y + 15 = 0$$

2.1.3　函数的可导性与连续性的关系

设函数 $y=f(x)$在点 x 处可导，即

$$\lim_{\Delta x \to 0} = f'(x)$$

存在，由极限的运算法则知，有

$$\lim_{\Delta x \to 0} \Delta y = \lim_{\Delta x \to 0} \Delta x \cdot \frac{\Delta y}{\Delta x} = \lim_{\Delta x \to 0} \Delta x \lim_{\Delta x \to 0} \frac{\Delta y}{\Delta x} = 0$$

说明函数 $y=f(x)$在点 x 处是连续的.于是有如下定理：

定理 2　如果函数 $y=f(x)$在点 x 处可导，那么函数 $y=f(x)$在该点必连续. 反之，一个函数在某点连续，不一定在该点可导.

例 2.7　函数 $f(x)=\sqrt[3]{x}$在区间$(-\infty,+\infty)$内连续，但在点 $x=0$ 处不可导，这是因为函数在点 $x=0$ 处有

$$\lim_{\Delta x \to 0} \frac{f(0+\Delta x)-f(0)}{\Delta x} = \lim_{\Delta x \to 0} \frac{\sqrt[3]{\Delta x}-0}{\Delta x} = +\infty$$

即导数为无穷大(导数不存在).从函数图像上可知，它在该点处有垂直于 x 轴的切线 $x=0$ (见图 2.2).

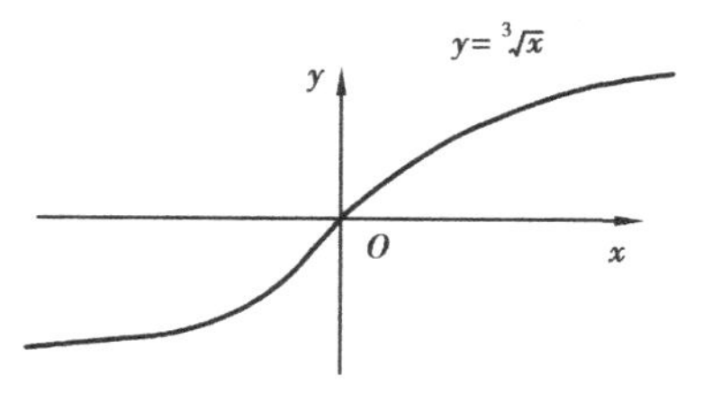

图 2.2

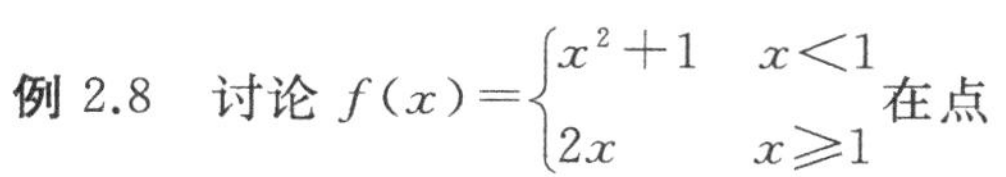

例 2.8　讨论 $f(x)=\begin{cases} x^2+1 & x<1 \\ 2x & x\geqslant 1 \end{cases}$在点 $x=1$ 处的连续性与可导性.

解　函数 $f(x)$在点 $x=1$ 处的左导数为

$$f'_{-(1)} = \lim_{x \to 1^-} \frac{f(x)-f(1)}{x-1} = \lim_{x \to 1^-} \frac{x^2+1-2}{x-1} = 2$$

右导数为

$$f'_{+(1)} = \lim_{x \to 1^+} \frac{f(x)-f(1)}{x-1} = \lim_{x \to 1^+} \frac{x^2+1-2}{x-1} = 2$$

所以 $f'_+(1)=f'_-(1)$，故 $f'(1)=2$，$f(x)$在 $x=1$ 可导且连续.

习题 2.1

1.填空题：

(1)设函数 $f(x)$在点 x_0 处可导，则$\lim\limits_{h\to 0}\dfrac{f(x_0-h)-f(x_0)}{h}=$__________________.

(2)设 $f(x)=\begin{cases}1-x^2 & |x|<1\\ 0 & |x|\geqslant 1\end{cases}$，则 $f'_-(1)=$______________.

(3)三次抛物线 $y=x^3$ 在点 M_1__________和点 M_2__________处的切线斜率都等于 3.

2.求下列函数的导数：

(1)$y=x^5$　　(2)$y=x^3\sqrt{x}$　　(3)$y=\dfrac{1}{\sqrt{x}}$　　(4)$y=x^{1.8}$

3.求曲线 $y=e^x$ 在点(0,1)处的切线方程和法线方程.

4.设函数 $f(x)=\begin{cases}x^2 & x\leqslant 1\\ ax+b & x>1\end{cases}$

为使 $f(x)$在 $x=1$ 处连续且可导，a，b 取何值?

5.证明：双曲线 $xy=a^2$ 上任一点处的切线与两坐标轴构成的三角形的面积都等于 $2a^2$.

2.2　函数的求导法则

本章 2.1 节根据导数的定义考察了一些简单函数的导数.但是，对更多的可导的函数，直接用定义来求它们的导数往往很困难.本节将介绍求导数的几个基本法则和基本初等函数的求导公式，利用它们就能方便地求出常见函数——初等函数的导数.

2.2.1　四则运算法则

定理 1　如果函数 $u(x)$,$v(x)$在点 x 处可导,则它们的和、差、积、商(分母不为零)在点 x 处也可导,并且

①$[u(x)\pm v(x)]'=u'(x)\pm v'(x)$;

②$[u(x)v(x)]'=u'(x)v(x)+u(x)v'(x)$;

③$\left[\dfrac{u(x)}{v(x)}\right]'=\dfrac{u'(x)v(x)-u(x)v'(x)}{v^2(x)}(v(x)\neq 0)$.

例 2.9　求 $y=x^3-2x^2+\sin x$ 的导数.

解
$$y'=3x^2-4x+\cos x$$

例 2.10　设 $y=2\sqrt{x}\cdot\sin x$.求 y'.

解
$$y'=(2\sqrt{x}\sin x)'=(2\sqrt{x})'\sin x+2\sqrt{x}(\sin x)'$$
$$=\frac{\sin x}{\sqrt{x}}+2\sqrt{x}\cos x$$

例 2.11　设 $y=\tan x$.求 y'.

解
$$y'=(\tan x)'=\left(\frac{\sin x}{\cos x}\right)'=\frac{(\sin x)'\cos x-\sin x(\cos x)'}{\cos^2 x}$$
$$=\frac{\cos^2 x+\sin^2 x}{\cos^2 x}=\frac{1}{\cos^2 x}=\sec^2 x$$

即
$$(\tan x)'=\sec^2 x$$

这就是正切函数的导数公式.

类似地,可得余切函数 $\cot x$、正割函数 $\sec x$ 与余割函数 $\csc x$ 的导数公式为

$(\cot x)'=-\csc^2 x$　$(\sec x)'=\sec x\tan x$　$(\csc x)'=-\csc x\cot x$

2.2.2　反函数的求导法则

定理 2　设单调连续函数 $x=\varphi(y)$在点 y 处可导,且 $\varphi'(y)\neq 0$.则其反函数 $y=f(x)$在对应点 x 处可导,且 $f'(x)=\dfrac{1}{\varphi'(y)}$.

也就是说，反函数的导数等于直接函数导数的倒数.

例 2.12　求反正弦函数 $y=\arcsin x$ 的导数.

解　$y=\arcsin x, x\in(-1,1)$ 是 $x=\sin y, y\in\left(-\frac{\pi}{2},\frac{\pi}{2}\right)$ 的反函数，而函数 $x=\sin y$ 在开区间 $\left(-\frac{\pi}{2},\frac{\pi}{2}\right)$ 内单调、可导，且

$$(\sin y)'=\cos y>0$$

因此，$y=\arcsin x$ 在 $(-1,1)$ 内每一点可导，并有

$$(\arcsin x)'=\frac{1}{(\sin y)'}=\frac{1}{\cos y}=\frac{1}{\sqrt{1-x^2}}\qquad -1<x<1$$

类似地，可求得

$$(\arccos x)'=-\frac{1}{\sqrt{1-x^2}}\quad (\arctan x)'=\frac{1}{1+x^2}\quad (\operatorname{arccot} x)'=-\frac{1}{1+x^2}$$

例 2.13　求对数函数 $y=\log_a x\,(a>0, a\neq 1)$ 的导数.

解　因为 $x=a^y$ 在 $y\in(-\infty,+\infty)$ 内单调，可导，且 $(a^y)'=a^y\ln a\neq 0$，所以在 $x\in(0,+\infty)$ 内有

$$(\log_a x)'=\frac{1}{(a^y)'}=\frac{1}{a^y\ln a}=\frac{1}{x\ln a}$$

特别地，有

$$(\ln x)'=\frac{1}{x}$$

2.2.3　复合函数求导法则

定理 3　如果 $u=\varphi(x)$ 在点 x 可导，而 $y=f(u)$ 在对应点 u 可导，则复合函数 $y=f[\varphi(x)]$ 在点 x 可导，且其导数为

$$\frac{\mathrm{d}y}{\mathrm{d}x}=f'(u)\cdot\varphi'(x)=f'[\varphi(x)]\varphi'(x)$$

复合函数的求导法则也可称为**链式法则**，可推广到多个中间变量的情形.

例如，设 $y=f(u), u=\varphi(v), v=\phi(x)$，那么复合函数 $y=f\left\{\varphi[\phi(x)]\right\}$ 的导

数为

$$\frac{dy}{dx}=\frac{dy}{du}\cdot\frac{du}{dv}\cdot\frac{dv}{dx}=f'(u)\cdot\varphi'(v)\cdot\phi'(x)$$

例 2.14　设 $y=e^{x^5}$.求 $\frac{dy}{dx}$.

解　$y=e^{x^5}$ 是由 $y=e^u$,$u=x^5$ 复合而成,所以

$$\frac{dy}{dx}=\frac{dy}{du}\cdot\frac{du}{dx}=e^u\cdot 5x^4=5x^4e^{x^5}$$

例 2.15　设 $y=\ln\tan x$.求$\frac{dy}{dx}$.

解　$y=\ln\tan x$ 是由 $y=\ln u$,$u=\tan x$ 复合而成,所以

$$\frac{dy}{dx}=\frac{dy}{du}\cdot\frac{du}{dx}=\frac{1}{u}\cdot\sec^2 x=\cot x\cdot\sec^2 x=2\csc 2x$$

从以上几例可知,一般来说,求复合函数的导数的关键是分析所给函数是由哪些函数复合而成,或者所给函数能分解成哪些简单的函数.如果所给函数能分解成比较简单的函数,而这些简单函数的导数已经会求,那么应用复合函数求导法则就可求出所给函数的导数了.初学时,应把中间变量写出来,当对复合函数求导比较成熟后,可把中间变量记在心里,不再写出来,而可采用下面例题的方式来计算.

例 2.16　设 $y=\ln\cos x$.求$\frac{dy}{dx}$.

解

$$\frac{dy}{dx}=(\ln\cos x)'=\frac{1}{\cos x}(\cos x)'=-\tan x$$

例 2.17　设 $y=e^{\sin\frac{1}{x}}$.求$\frac{dy}{dx}$.

解

$$\begin{aligned}\frac{dy}{dx}&=\left(e^{\sin\frac{1}{x}}\right)'=e^{\sin\frac{1}{x}}\cdot\left(\sin\frac{1}{x}\right)'\\&=e^{\sin\frac{1}{x}}\cdot\cos\frac{1}{x}\cdot\left(\frac{1}{x}\right)'\\&=-\frac{1}{x^2}\cdot e^{\sin\frac{1}{x}}\cdot\cos\frac{1}{x}\end{aligned}$$

2.2.4　初等函数的导数

前面已经求出了所有基本初等函数的导数，而且还推出了函数四则运算的求导法则及复合函数的求导法则.到此为止，可通过有限的演算和推导步骤，将一切初等函数的求导问题解决，而且容易证明，初等函数的导数仍为初等函数.

基本初等函数的导数公式和上述求导法则在初等函数的求导运算中是非常重要的，必须熟练掌握.为了便于查阅，把这些导数公式和求导法则归纳如下：

(1)常数和基本初等函数的导数公式

①$(C)'=0$　　②$(x^{\mu})'=\mu x^{\mu-1}$

③$(a^x)'=a^x\ln a,(\mathrm{e}^x)'=\mathrm{e}^x$　　④$(\log_a x)'=\dfrac{1}{x\ln a},(\ln x)'=\dfrac{1}{x}$

⑤$(\sin x)'=\cos x$　　⑥$(\cos x)'=-\sin x$

⑦$(\tan x)'=\sec^2 x$　　⑧$(\cot x)'=-\csc^2 x$

⑨$(\sec x)'=\sec x\tan x$　　⑩$(\csc x)'=-\csc x\cot x$

⑪$(\arcsin x)'=\dfrac{1}{\sqrt{1-x^2}}$　　⑫$(\arccos x)'=-\dfrac{1}{\sqrt{1-x^2}}$

⑬$(\arctan x)'=\dfrac{1}{1+x^2}$　　⑭$(\mathrm{arccot}\, x)'=\dfrac{-1}{1+x^2}$

(2)函数的和、差、积、商的求导法则

设$u=u(x),v=v(x)$是可导函数，C是常数，则：

①$(u\pm v)'=u'\pm v'$

②$(uv)'=u'v+uv',(Cu)'=Cu'$

③$\left(\dfrac{u}{v}\right)'=\dfrac{u'v-uv'}{v^2}(v\neq 0)$

(3)反函数的求导法则

设$y=f(x)$是$x=\varphi(y)$的反函数，则

$$f'(x)=\frac{1}{\varphi'(y)}\qquad \varphi'(y)\neq 0$$

(4)复合函数的求导法则

设$y=f(u),u=\varphi(x)$都是可导函数，则复合函数$y=f[\varphi(x)]$的导数为

$$\frac{dy}{dx}=\frac{dy}{du}\cdot\frac{du}{dx} \quad 或 \quad y'=f'(u)\varphi'(x)$$

习题 2.2

1.填空题：

(1)设函数 $y=x(x-1)(x-2)(x-3)$,则 $y'(0)=$__________.

(2)设 $f(x)=a_0x^n+a_1x^{n-1}+\cdots+a_{n-1}x+a_n$,则$[f(0)']=$__________.

(3)过曲线 $y=\dfrac{x+4}{4-x}$上点(2,3)处切线斜率为__________.

(4)设 $f(x)=\sin(x+\sin x)$,则 $f'(x)=$__________.

(5)一物体按规律 $s(t)=3t-t^2$ 做直线运动,速度 $v\left(\dfrac{3}{2}\right)=$__________.

2.求下列函数的导数：

(1)$y=x^2\cos x$

(2)$y=\dfrac{x\ \sin x}{1+\tan x}$

(3)$y=2^{\frac{x}{\ln x}}$

(4)$y=\log_a(x^2+x+1)$

(5)$y=\ln\tan\dfrac{x}{2}$

(6)$y=x\ \arcsin(\ln x)$

(7)$y=e^{\arctan\sqrt{x}}$

(8)$y=\ln(\ln(\ln x))$

(9)$y=x\ \arccos x-\sqrt{1-x^2}$

3.设 $f(x)$可导.求下列函数的导数$\dfrac{dy}{dx}$：

(1)$y=f(e^{x^2})$

(2)$y=f(\sin^2x)+f(\cos^2x)$

4.设 $f(x),g(x)$可导,$f^2(x)+g^2(x)\neq0$.求函数 $y=\sqrt{f^2(x)+g^2(x)}$ 的导数.

5.曲线 $y=xe^{-x}$ 上哪一点的切线平行于 x 轴？并求出切线方程.

6.求曲线 $y=e^{2x}+x^2$ 上横坐标 $x=0$ 点处的法线方程,并计算从原点到此法线的距离.

2.3　隐函数及参数方程所确定的函数的导数

2.3.1　隐函数的导数

函数 $y=f(x)$表示两个变量 y 与 x 之间的对应关系,这种对应关系可以用各种不同方式来表达,可用显函数($y=f(x)$的形式)表示,也可用隐函数(由方程$F(x,y)=0$确定的函数)表示.把一个隐函数化成显函数,称为函数的显化.隐函数的显化有时是有困难的,甚至是不可能的.例如,$x^2+y^2=1$,$xy-e^x+e^y=0$ 都是隐函数,其中,$xy-e^x+e^y=0$ 就不能化成显函数.但是,在实际问题中,有时需要计算隐函数的导数.下面介绍不用将隐函数显化即可求出隐函数的导数的方法.

例 2.18　求方程 $xy-e^x+e^y=0$ 所确定的隐函数 $y=f(x)$的导数$\frac{dy}{dx}$.

解　因为 y 是 x 的函数,所以 e^y 是 x 的复合函数.应用复合函数求导法则,把方程两边同时对 x 求导,可得

$$y+x\frac{dy}{dx}-e^x+e^y\frac{dy}{dx}=0$$

由上式解出$\frac{dy}{dx}$,便得隐函数的导数为

$$\frac{dy}{dx}=\frac{e^x-y}{x+e^y}$$

例 2.19　求由方程 $y^5+2y-x-3x^7=0$ 所确定的隐函数 $y=y(x)$在 $x=0$ 处的导数 $y'|_{x=0}$.

解　把方程两边同时对 x 求导,可得

$$5y^4\cdot y'+2y'-1-21x^6=0$$

整理得

$$y'=\frac{1+21x^6}{2+5y^4}$$

因为当 $x=0$ 时，从原方程得 $y=0$，所以

$$y'\big|_{x=0}=\frac{1}{2}$$

由以上两个例题可以总结出以下求隐函数的导数的方法：

①方程两端同时对自变量 x 求导，注意把 y 当作复合函数求导的中间变量来看待.

②从求导后的方程中解出 y'.

③隐函数求导允许其结果中含有 y.但求一点的导数时不但要把 x 值代进去，还要把对应的 y 值代进去.

例 2.20　设 $y=\operatorname{arccot}(x^2+y)$.求 y'.

解　方程两边同时对 x 求导，有

$$y'=-\frac{1}{1+(x^2+y)^2}(2x+y')$$

于是得

$$y'=\frac{-2x}{2+(x^2+y)^2}$$

例 2.21　求 $y=x^{\sin x}(x>0)$的导数.

解　这是幂指函数，两边取对数，得

$$\ln y=\sin x\cdot\ln x$$

两边对 x 求导，注意到 y 是 x 的函数，得

$$\frac{1}{y}y'=\cos x\cdot\ln x+\sin x\cdot\frac{1}{x}$$

于是得

$$y'=y\left(\cos x\cdot\ln x+\frac{\sin x}{x}\right)=x^{\sin x}\left(\cos x\cdot\ln x+\frac{\sin x}{x}\right)$$

由于对数具有化积商为和差的性质，因此可把多因子乘积开方的求导运算，通过取对数得到化简.

例 2.22　求 $y=\sqrt{\dfrac{(x-1)(x-2)}{(x-3)(x-4)}}$的导数.

解　等式两边取对数(假定 $x>4$)，得

$$\ln y = \frac{1}{2}[\ln(x-1)+\ln(x-2)-\ln(x-3)-\ln(x-4)]$$

上式两边对 x 求导，注意到 y 是 x 的函数，得

$$\frac{1}{y}y' = \frac{1}{2}\left(\frac{1}{x-1}+\frac{1}{x-2}-\frac{1}{x-3}-\frac{1}{x-4}\right)$$

于是得

$$\begin{aligned} y' &= \frac{y}{2}\left(\frac{1}{x-1}+\frac{1}{x-2}-\frac{1}{x-3}-\frac{1}{x-4}\right) \\ &= \frac{1}{2}\sqrt{\frac{(x-1)(x-2)}{(x-3)(x-4)}}\left(\frac{1}{x-1}+\frac{1}{x-2}-\frac{1}{x-3}-\frac{1}{x-4}\right) \end{aligned}$$

当 $x<1$ 时，$y=\sqrt{\dfrac{(1-x)(2-x)}{(3-x)(4-x)}}$；当 $2<x<3$ 时，$y=\sqrt{\dfrac{(x-1)(x-2)}{(3-x)(4-x)}}$. 用同样的方法可得与上面相同的结果.

2.3.2 参数方程所确定的函数的导数

在平面解析几何中，已学过参数方程，它一般表示一条曲线，如参数方程

$$\begin{cases} x = a\cos\theta \\ y = a\sin\theta \end{cases} \qquad \theta \in [0,2\pi]$$

表示中心在原点，半径为 a 的圆周曲线.

一般，如果参数方程

$$\begin{cases} x = \varphi(t) \\ y = \psi(t) \end{cases} \qquad t \in (\alpha,\beta)$$

确定 y 与 x 之间的函数关系，则称此函数关系所表达的函数为由参数方程所确定的函数.

对由参数方程所确定的函数的导数，有以下求法：

如果函数 $x=\varphi(t)$，$y=\psi(t)$ 都可导，而且 $\varphi'(t)\neq 0$，则 $y=f(x)$ 可导，且

$$\frac{\mathrm{d}y}{\mathrm{d}x} = \frac{\psi'(t)}{\varphi'(t)}$$

例 2.23 求由下列参数方程所确定的函数的导数：

① $\begin{cases} x=1+\sin t \\ y=t\cos t \end{cases}$　　② $\begin{cases} x=\ln(1+t^2)+1 \\ y=2\arctan t-(1+t)^2 \end{cases}$

解　① $\frac{dx}{dt}=\cos t$，$\frac{dy}{dt}=\cos t-t\sin t$，得

$$\frac{dy}{dx}=\frac{\frac{dy}{dt}}{\frac{dx}{dt}}=1-t\tan t$$

② $\frac{dx}{dt}=\frac{2t}{1+t^2}$，$\frac{dy}{dt}=\frac{2}{1+t^2}-2(t+1)=\frac{-2(t^3+t^2+t)}{1+t^2}$

于是得

$$\frac{dy}{dx}=\frac{\frac{dy}{dt}}{\frac{dx}{dt}}=-(t^2+t+1)$$

习题 2.3

1.填空题：

(1)设 $y=y(x)$ 是由方程 $y=\sin(x+y)$ 所确定的隐函数，则 $y'=$__________.

(2)曲线方程为 $3y^2=x^2(x+1)$，则在点(2,2)处的切线斜率 $k=$__________.

(3)设 $y=x^x$，则 $y'=$__________.

2.求下列方程所确定的隐函数 $y=y(x)$ 的导数 $\frac{dy}{dx}$：

(1) $xy=e^{x+y}$　　(2) $\arctan\frac{y}{x}=\ln\sqrt{x^2+y^2}$

(3) $y^2+2\ln y=x^4$　　(4) $y=\tan(x+y)$

(5) $x^y=y^x$　　(6) $x\cos y=\sin(x+y)$

3.用对数求导法求下列函数的导数：

(1) $y=\sqrt[3]{\frac{x(x^2+1)}{(x^2-1)^2}}\ (x>1)$　　(2) $y=\sqrt{x\sin x\cdot\sqrt{1-e^x}}$

4.求由参数方程$\begin{cases}x=\dfrac{1}{1+t}\\y=\dfrac{t}{1+t}\end{cases}$所确定的函数$y(x)$的导数$\dfrac{dy}{dx}$.

5.求星形线$x^{\frac{2}{3}}+y^{\frac{2}{3}}=a^{\frac{2}{3}}(a>0)$在点$M_0\left(\dfrac{\sqrt{2}}{4}a,\dfrac{\sqrt{2}}{4}a\right)$处的切线方程.

2.4 高阶导数

在很多问题中,有时不仅要研究函数$y=f(x)$的导数,而且要研究导数$f'(x)$的导数.例如,已知变速直线运动的速度$v(t)$是位置$s(t)$对时间的导数,即$v=\dfrac{ds}{dt}$,而加速度a又是速度对时间的变化率,即$a=\dfrac{dv}{dt}$.故$a=\dfrac{dv}{dy}=\dfrac{d}{dt}\left(\dfrac{ds}{dt}\right)$,这种导数$\dfrac{d}{dt}\left(\dfrac{ds}{dt}\right)$称为$s(t)$对$t$的二阶导数.

一般,如果函数$y=f(x)$的导数$f'(x)$仍是x的函数,则称$f'(x)$的导数为函数$f(x)$的二阶导数,记作

$$f''(x)\ 或\ \frac{d^2y}{dx^2}$$

即

$$y''=(y')'\ 或\ \frac{d^2y}{dx^2}=\frac{d}{dx}\left(\frac{dy}{dx}\right)$$

相应地,$f'(x)$称为函数$y=f(x)$的一阶导数,一阶导数的导数为二阶导数,二阶导数的导数为三阶导数,…,$(n-1)$阶导数的导数称为n阶导数.分别记作y'',y''',$y^{(4)}$,…,$y^{(n)}$或$\dfrac{d^2y}{dx^2}$,$\dfrac{d^3y}{dx^3}$,$\dfrac{d^4y}{dx^4}$,…,$\dfrac{d^ny}{dx^n}$.

二阶及二阶以上的导数统称**高阶导数**.显然,求高阶导数就是多次连接地求导数,所以仍可用前面学过的求导方法计算高阶导数.

二阶导数有明显的物理意义.当质点做变速直线运动时,路称函数 $s=s(t)$ 的一阶导数 $s'(t)$ 是瞬时速度 $v(t)$,加速度是速度 $v(t)$ 对时间 t 的变化率,等于 $v'(t)$,即路程函数 $s=s(t)$ 的二阶导数 $s''(t)$ 为变速直线运动的加速度 $a(t)$.

例 2.24　求指数函数 $y=\mathrm{e}^x$ 的 n 阶导数.

解　$y'=\mathrm{e}^x, y''=\mathrm{e}^x, y'''=\mathrm{e}^x, \cdots, y^{(n-1)}=\mathrm{e}^x$,得

$$y^{(n)}=\mathrm{e}^x$$

例 2.25　已知 $a_0x^n+a_1x^{n-1}+\cdots+a_{n-1}x+a_n$,其中 $a_0,a_1,\cdots,a_n$ 为常数.求 $y',y'',\cdots,y^{(n)}$.

解

$$y'=na_0x^{n-1}+(n-1)a_1x^{n-2}+\cdots+2a_{n-2}x+a_{n-1}$$

$$y''=n(n-1)a_0x^{n-2}+(n-1)(n-2)a_1x^{n-3}+\cdots+2a_{n-2}$$

$$\vdots$$

$$y^{(n)}=n!a_0$$

例 2.26　求正弦函数 $y=\sin x$ 的 n 阶导数.

解

$$y'=\cos x=\sin\left(x+\frac{\pi}{2}\right)$$

$$y''=\cos\left(x+\frac{\pi}{2}\right)=\sin\left(x+\frac{\pi}{2}+\frac{\pi}{2}\right)=\sin\left(x+2\cdot\frac{\pi}{2}\right)$$

$$y'''=\cos\left(x+\frac{\pi}{2}\right)=\sin\left(x+3\cdot\frac{\pi}{2}\right)$$

$$y^{(4)}=\cos\left(x+3\cdot\frac{\pi}{2}\right)=\sin\left(x+4\cdot\frac{\pi}{2}\right)$$

以此类推,可得

$$y^{(n)}=(\sin x)^{(n)}=\sin\left(x+n\cdot\frac{\pi}{2}\right)\qquad n=1,2,\cdots$$

同理可得

$$(\cos x)^{(n)}=\cos\left(x+n\cdot\frac{\pi}{2}\right)\qquad n=1,2,\cdots$$

例 2.27　求函数 $y=\ln(1+x)$ 的 n 阶导数.

解

$$y'=\frac{1}{1+x}=(1+x)^{-1}$$

$$y''=\frac{1}{(1+x)^2}=-(1+x)^{-2}$$

$$y'''=(-1)(-2)(1+x)^{-3}$$

以此类推，可得

$$y^{(n)}=(-1)^{n-1}\frac{(n-1)!}{(1+x)^n}\qquad x>-1$$

通过观察例 2.27 的结果可得到公式

$$\left(\frac{1}{x}\right)^n=(-1)^n\frac{n!}{x^{n+1}}$$

例 2.28　求由参数方程$\begin{cases}x=a\cos^3 t\\ y=a\sin^3 t\end{cases}$所确定的函数 $y=y(x)$ 对 x 的二阶导数$\frac{\mathrm{d}^2 y}{\mathrm{d}x^2}$.

解
$$\frac{\mathrm{d}y}{\mathrm{d}x}=\frac{(a\sin^3 t)'}{(a\cos^3 t)'}=\frac{3a\sin^2 t\cos t}{-3a\cos^2 t\sin t}=-\tan t$$

注意到$\frac{\mathrm{d}y}{\mathrm{d}x}$仍然是 t 的函数，要计算 y 关于 x 的二阶导数，实际上就是$\frac{\mathrm{d}y}{\mathrm{d}x}$再对 x 求导数.因此，由复合函数和反函数的求导法则，得

$$\frac{\mathrm{d}^2 y}{\mathrm{d}x^2}=\frac{\mathrm{d}}{\mathrm{d}x}\left(\frac{\mathrm{d}y}{\mathrm{d}x}\right)=\frac{\mathrm{d}}{\mathrm{d}t}\left(\frac{\mathrm{d}y}{\mathrm{d}x}\right)\cdot\frac{\mathrm{d}t}{\mathrm{d}x}=\frac{\frac{\mathrm{d}}{\mathrm{d}t}\left(\frac{\mathrm{d}y}{\mathrm{d}x}\right)}{\frac{\mathrm{d}x}{\mathrm{d}t}}$$

$$=\frac{(-\tan t)'}{(a\cos^3 t)'}=\frac{1}{3a}\sec^4 t\cdot\csc t$$

习题 2.4

1.求下列函数的二阶导数：

(1)$y=x\mathrm{e}^{x^2}$

(2)$y=x\cos x$

(3) $y=\frac{x}{1+x^2}$

(4)由方程 $y=1+xe^y$ 确定的隐函数 $y(x)$

(5)由参数方程 $\begin{cases}x=a\cos t\\y=b\sin t\end{cases}$ 确定的函数 $y(x)$

(6)由参数方程 $\begin{cases}x=t+t^2\\y=t+t^3\end{cases}$ 确定的函数 $y(x)$

2.求函数 $y=(\cos\ln x)^2$ 在点 $x=e$ 处的二阶导数.

3.验证函数 $y=\sqrt{2x-x^2}$ 满足关系式

$$y^3y''+1=0$$

4.求下列函数的 n 阶导数:

(1) $y=(1+2x)^n$　　(2) $y=3^{2x+1}$

(3) $y=e^{2x}+e^{-x}$　　(4) $y=\sin^2 x$

(5) $y=\ln(1+2x)$　　(6) $y=\frac{1}{x^2-3x+2}$

2.5　微分及其应用

2.5.1　微分定义及几何意义

在实际问题中,有时需要考虑当自变量的值有较小的改变时,函数值相应地改变多少.如果函数很复杂,计算函数的改变量也是很复杂的.能不能找到一个计算函数改变量的近似方法,使得方法既简便而结果又具有较好的精确度呢?先看一个具体的例子.

例 2.29　一块正方形金属薄片受温度变化的影响,其边长由 x_0 变到 $x_0+\Delta x$ (见图 2.3).问此薄片的面积改变了多少?

解　设此薄片的边长为 x,面积为 S,则 S 是 x 的函数 $S=x^2$.当自变量 x 自

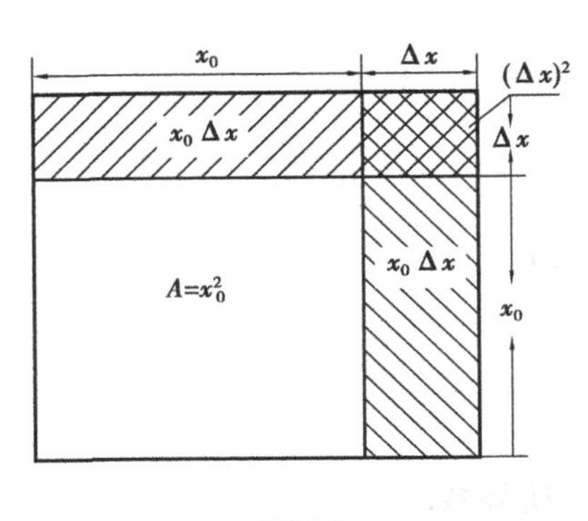

图 2.3

x_0 取得增量 Δx 时，函数 S 相应有增量 ΔS，且

$$\Delta S=(x_0+\Delta x)^2-x_0^2$$
$$=2x_0\Delta x+(\Delta x)^2$$

ΔS 可分成两部分：第一部分 $2x_0\Delta x$ 是 Δx 的线性函数，第二部分 $(\Delta x)^2$ 是当 $\Delta x\to 0$ 时比 Δx 高阶的无穷小，即

$$(\Delta x)^2=O(\Delta x)$$

由此可知，当 $|\Delta x|$ 很小时，面积的改变量 ΔS 可近似地用第一部分 $2x_0\Delta x$ 来代替，且 $|\Delta x|$ 越小，近似程度越高，即

$$\Delta S\approx 2x_0\Delta x$$

在实际中还有许多类似的问题，都可抽象为如下问题：给自变量的取值 x_0 以增量 Δx，相应的函数得一个增量 $\Delta y=f(x_0+\Delta x)-f(x_0)$，它可被分为 Δx 的线性函数 $A\Delta x$（其中 A 不依赖于 Δx）与当 $\Delta x\to 0$ 时比 Δx 高阶的无穷小两部分之和.从而，引出微分的概念.

定义 1　设函数 $y=f(x)$ 在点 x_0 的某邻域 $U(x_0)$ 内有定义，$x_0+\Delta x\in U(x_0)$.如果相应的函数的增量 $\Delta y=f(x_0+\Delta x)-f(x_0)$ 可表示为

$$\Delta y=A\Delta x+O(\Delta x) \tag{2.4}$$

式中，A 是不依赖于 Δx 的常数，$O(\Delta x)$ 是 Δx 的高阶无穷小（$\Delta x\to 0$），则称函数 $y=f(x)$ 在点 x_0 处可微，$A\Delta x$ 称为函数 $y=f(x)$ 在点 x_0 处的微分，记作 $\mathrm{d}y|_{x=x_0}$，即 $\mathrm{d}y|_{x=x_0}=A\Delta x$.

下面讨论函数可微的条件以及式(2.4)中 A 等于什么.假设函数 $y=f(x)$ 在点 x_0 可微，由式(2.4)有

$$\frac{\Delta y}{\Delta x}=A+\frac{O(\Delta x)}{\Delta x}$$

于是当 $\Delta x\to 0$ 时，得

$$A=\lim_{\Delta x\to 0}\frac{\Delta y}{\Delta x}-\lim_{\Delta x\to 0}\frac{O(\Delta x)}{\Delta x}=\lim_{\Delta x\to 0}\frac{\Delta y}{\Delta x}=f'(x_0)$$

这就是说，如果函数 $f(x)$ 在点 x_0 处可微，那么函数 $f(x)$ 在点 x_0 处也一定可导，

且 $A=f'(x_0)$；反之，如果函数 $f(x)$ 在点 x_0 处可导，即

$$\lim_{\Delta x\to 0}\frac{\Delta y}{\Delta x}=f'(x_0)$$

存在，那么由极限与无穷小的关系，上式可写为

$$\frac{\Delta y}{\Delta x}=f'(x_0)+\alpha$$

式中，α 为 $\Delta x\to 0$ 时的无穷小，则有

$$\Delta y=f'(x_0)\Delta x+\alpha\Delta x=f'(x_0)\Delta x+O(\Delta x) \tag{2.5}$$

因为 $f'(x_0)$ 不依赖于 Δx，所以式(2.5)相当于式(2.4)，因此，$f(x)$ 在点 x_0 处可微，且

$$\mathrm{d}y\mid_{x=x_0}=f'(x_0)\Delta x \tag{2.6}$$

综上所述，可得以下结论：

定理 1　函数 $f(x)$ 在点 x_0 处可微的充要条件是函数 $f(x)$ 在点 x_0 处可导，即可微必可导，可导必可微，可微与可导是等价的.且当 $f(x)$ 在点 x_0 处可微时，有式(2.6)成立.

当 $f'(x_0)\neq 0$ 时，有

$$\lim_{\Delta x\to 0}\frac{\Delta y-\mathrm{d}y}{\Delta y}=\lim_{\Delta x\to 0}\frac{\Delta y-f'(x_0)\Delta x}{\Delta y}=\lim_{\Delta x\to 0}\left[1-\frac{f'(x_0)}{\dfrac{\Delta y}{\Delta x}}\right]=0$$

这说明，在 $f'(x_0)\neq 0$ 的情形，当 $\Delta x\to 0$ 时，$\Delta y-\mathrm{d}y$ 不仅是 Δx 的高阶无穷小，而且也是 Δy 的高阶无穷小.从而 $|\Delta x|$ 很小时，有 $\Delta y\approx\mathrm{d}y$.

如果函数 $f(x)$ 在区间 (a,b) 内每一点都可微，则称 $f(x)$ 是 (a,b) 内的可微函数.函数 $f(x)$ 在区间 (a,b) 内任意一点 x 处的微分就称为函数的微分，记为 $\mathrm{d}y$，即有

$$\mathrm{d}y=f'(x)\Delta x$$

若函数 $f(x)=x$，则 $\mathrm{d}y=\mathrm{d}x=\Delta x$，于是函数的微分又可记为

$$\mathrm{d}y=f'(x)\mathrm{d}x$$

从而有

$$\frac{\mathrm{d}y}{\mathrm{d}x}=f'(x)$$

即函数的微分与自变量的微分之商就等于函数的导数,因此函数的导数又称微商.故导数的记号$\frac{\mathrm{d}y}{\mathrm{d}x}$又可以看成一个分式.

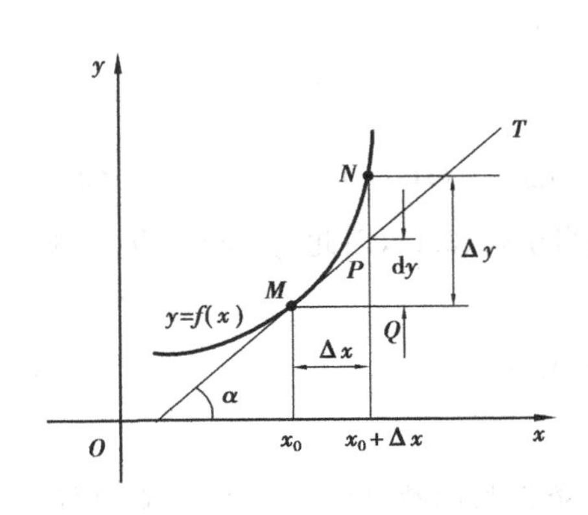

图 2.4

为了对微分有直观的了解,下面说明微分的几何意义.如图 2.4 所示,函数 $y=f(x)$的图形是一条曲线,对某一固定的 x_0 值,曲线上有一定点 $M(x_0,y_0)$.当自变量 x 有微小的增量 Δx 时,得到曲线上另一点 $N(x_0+\Delta x,y_0+\Delta y)$,$MT$ 为 M 点处的切线,则有

$$MQ=\Delta x\quad QN=\Delta y$$

$$QP=MQ\cdot\tan\alpha=\Delta x\cdot f'(x_0)=\mathrm{d}y$$

由此可知,当 Δy 是曲线 $y=f(x)$上的点的纵坐标增量时,$\mathrm{d}y$ 就是曲线的切线上的点的纵坐标的相应增量.当 Δx 很小时,$|\Delta y-\mathrm{d}y|$ 比 $|\Delta x|$ 小得多.因此,在点 M 的周围,可用切线段来近似代替曲线段.

2.5.2　微分公式及运算法则

从微分的表达式 $\mathrm{d}y=f'(x)\mathrm{d}x$ 可知,函数的微分等于 $f'(x)$乘以 $\mathrm{d}x$,根据导数公式和导数运算法则,就能得到相应的微分公式和微分运算法则.为了便于学习,列表如下:

(1)微分公式

①$\mathrm{d}(C)=0$　　②$\mathrm{d}(x^{\mu})=\mu x^{\mu-1}\mathrm{d}x$

③$\mathrm{d}(a^x)=a^x\ln a\,\mathrm{d}x$　　④$\mathrm{d}(\log_a x)=\frac{1}{x\ln a}\mathrm{d}x$

⑤$\mathrm{d}(\sin x)=\cos x\,\mathrm{d}x$　　⑥$\mathrm{d}(\cos x)=-\sin x\,\mathrm{d}x$

⑦$\mathrm{d}(\tan x)=\sec^2 x\,\mathrm{d}x$　　⑧$\mathrm{d}(\cot x)=-\csc^2 x\,\mathrm{d}x$

⑨$d(\sec x)=\sec x\tan x dx$　　⑩$d(\csc x)=-\csc x\cot x dx$

⑪$d(\arcsin x)=\frac{1}{\sqrt{1-x^2}}dx$　　⑫$d(\arccos x)=-\frac{1}{\sqrt{1-x^2}}dx$

⑬$d(\arctan x)=\frac{1}{1+x^2}dx$　　⑭$d(\text{arccot } x)=-\frac{1}{1+x^2}dx$

(2)微分运算法则

函数和差的微分法则

$$d(u\pm v)=du\pm dv$$

函数积的微分法则

$$d(uv)=vdu+udv$$

函数商的微分法则

$$d\left(\frac{u}{v}\right)=\frac{vdu-udv}{v^2}\qquad v\neq 0$$

(3)复合函数的微分法则

设 $y=f(u)$及 $u=\varphi(x)$都可导,则复合函数 $y=f[\varphi(x)]$的微分为

$$\begin{aligned}dy&=y'_x dx=f'(u)\varphi'(x)dx\\&=f'(\varphi(x))\varphi'(x)dx=f'(u)du\end{aligned}$$

可知,无论 u 是自变量,还是中间变量,函数 $y=f(u)$的微分形式总是 $dy=f'(u)du$.这一性质称为一阶微分形式不变性.

例 2.30　求函数 $y=x^2$ 当 $x=3,\Delta x=0.02$ 时的微分.

解

$$dy=2x\Delta x$$

所以

$$dy\Big|_{\substack{x=3\\ \Delta x=0.02}}=2x\Delta x\Big|_{\substack{x=3\\ \Delta x=0.02}}=0.12$$

例 2.31　求函数 $y=e^x$ 在点 $x=0,x=1$ 处的微分.

解

$$dy|_{x=0}=e^x|_{x=0}dx=dx$$

$$dy|_{x=0}=e^x|_{x=1}dx=edx$$

例 2.32　设 $y=\cos\sqrt{x}$.求 dy.

解　由微分形式不变性得

$$dy = d(\cos\sqrt{x}) = -\sin\sqrt{x}\,d(\sqrt{x})$$
$$= -\frac{1}{2\sqrt{x}}\sin\sqrt{x}\,dx$$

例 2.33 设 $y = e^{1-3x}\cdot\cos x$.求 dy.

解
$$dy = d(e^{1-3x}\cos x) = \cos x\,d(e^{1-3x}) + e^{1-3x}d(\cos x)$$
$$= \cos x\,e^{1-3x}(-3)dx + e^{1-3x}(-\sin x)dx$$
$$= -e^{1-3x}(3\cos x + \sin x)dx$$

例 2.34 求由方程 $y = e^{\frac{x}{y}}$ 所确定的隐函数 $y = y(x)$ 的微分.

解 方程两边同时求微分,有

$$dy = d(e^{\frac{x}{y}}) = e^{\frac{x}{y}}d\left(\frac{x}{y}\right) = y\cdot\frac{y\,dx - x\,dy}{y^2} = dx - \frac{x}{y}dy$$

所以

$$dy = \frac{dx}{\frac{x}{y} - 1} = \frac{y}{x-y}dx$$

2.5.3 微分在近似计算中的应用

在工程问题中,经常会遇到一些复杂的计算公式,可利用微分把这些复杂的计算式改用简单的近似公式来代替.

当函数 $y = f(x)$ 在点 x_0 处的导数 $f'(x_0) \neq 0$,且 $|\Delta x|$ 很小时,有

$$\Delta y = f(x_0 + \Delta x) - f(x_0) \approx dy = f'(x_0)\Delta x$$

即

$$f(x_0 + \Delta x) \approx f(x_0) + f'(x_0)\Delta x \qquad |\Delta x|\text{ 很小} \tag{2.7}$$

式(2.7)中,令 $x_0 + \Delta x = x$,则有

$$f(x) \approx f(x_0) + f'(x_0)\Delta x \qquad |\Delta x|\text{ 很小} \tag{2.8}$$

式(2.8)中,当 $x_0 = 0$,有

$$f(x) \approx f(0) + f'(0)\Delta x \qquad |\Delta x|\text{ 很小} \tag{2.9}$$

由式(2.9),可推出下面一些常用的近似公式:

①$\sqrt[n]{1+x}\approx 1+\frac{x}{n}$　　②$e^{x}\approx 1+x$

③$\ln(1+x)\approx x$　　④$\sin x\approx x$

⑤$\tan x\approx x$(其中式④、式⑤中 x 用弧度作单位)

例 2.35　计算 arctan 1.05 的近似值.

解　设 $f(x)=\arctan x$,则

$$f'(x)=\frac{1}{1+x^2}$$

取 $x_0=1,\Delta x=0.05$,由 $f(x_0+\Delta x)\approx f(x_0)+f'(x_0)\Delta x$,有

$$\arctan 1.05\approx\arctan 1+\frac{1}{1+x^2}\Big|_{x=1}\times 0.05$$

$$=\frac{\pi}{4}+0.025\approx 0.810\ 4$$

例 2.36　计算$\sqrt{1.05}$的近似值.

解　由近似公式$\sqrt[n]{1+x}\approx 1+\frac{x}{n}$,取 $x=0.05,n=2$,得

$$\sqrt{1.05}\approx 1+\frac{1}{2}\times(0.05)=1.025$$

若将$\sqrt{1.05}$直接开平方,得

$$\sqrt{1.05}\approx 1.024\ 7$$

由上述结果可知,这样的近似计算对一般的应用已经够精确了.如果开方的次数较高,就更能体现这种近似计算的优点.

习题 2.5

1.填空题:

(1)函数 $y=\sin x$ 在 $x=\frac{\pi}{3}$处的微分为__________.

(2)函数 $y=x^3$ 当自变量 x 由 1 变到 1.01 时的微分为__________.

(3)d__________ $=\frac{1}{x}\mathrm{d}x$,d__________ $=\sec^2 x\mathrm{d}x$,d__________ $=\mathrm{e}^{-2x}\mathrm{d}x$.

(4)设函数 $y=f(-x)^2$,则 $\mathrm{d}y=$__________.

(5)用微分近似计算公式计算 arcsin 0.003≈__________,$\mathrm{e}^{1.01}\approx$__________.

2.求下列函数的微分:

(1)$y=x\sin 2x$　　(2)$y=x^2\mathrm{e}^{2x}$

(3)$y=5^{\ln\tan x}$　　(4)$y=\arcsin\sqrt{x}$

(5)$y=\log_2\tan(x^2-1)$　　(6)$y=x\arccos x-\sqrt{1-x^2}$

(7)$y=\sqrt{x+\sqrt{x+\sqrt{x}}}$　　(8)$y=\operatorname{arccot}\frac{1}{x}$

(9)$y=\cos(xy)-x$　　(10)$y^2+\ln y=x^4$

3.当$|x|$很小时,证明:

(1)$\ln(1+x)\approx x$　　(2)$\tan x\approx x$

2.6　应用实例

由本章 2.1 节已知,导数概念的产生与变速直线运动的瞬时速度问题和曲线的切线问题有着十分密切的关系.事实上,关于导数的类似问题在自然科学和其他学科中也会经常遇到.

例 2.37　设有一根细棒,从一端点出发,到棒上离该端点为 x(单位:cm)时,这段棒的质量为 $3x^2+2x$(单位:g).求从 $x=3$ cm 到 $x=5$ cm 这段棒的平均线密度以及在 $x=4$ cm 处的线密度.

解　记棒的质量为 $m=f(x)=3x^2+2x$,则从 $x=3$ cm 到 $x=5$ cm 这段棒的平均线密度为

$$\frac{\Delta m}{\Delta x}=\frac{f(5)-f(3)}{5-3}=\frac{(3\times5^2+2\times5)-(3\times3^2+2\times3)}{2}\text{g/cm}=26\ \text{g/cm}$$

对在 $x=4$ cm 处的线密度,可以这样考虑:由题意可知,这根细棒并不均匀,也就是说每一点处的线密度并不是不变的.如同求变速直线运动的速度一样,当

$\Delta x \to 0$时，平均线密度$\dfrac{\Delta m}{\Delta x}$的极限便是棒的线密度.因此，这段棒在 $x=4$ cm 处的线密度就是导数 m'在 $x=4$ 时的取值，$m'\Big|_{x=4}=\dfrac{\mathrm{d}m}{\mathrm{d}x}\Big|_{x=4}=f'(x)|_{x=4}=(3x^2+2x)'|_{x=4}=(6x+2)|_{x=4}=26$ g/cm.

例 2.38　考虑在某种均匀营养介质中的细菌总数的变化情况.假设通过对某些时刻的抽样确定出细菌总数以每小时加倍的速度增长.记初始时刻的总数为 n_0，t 的单位用小时(h).求细菌总数的增长率.

解　由题意，细菌总数以每小时加倍的速度增长，设 $f(t)$为 t 时刻的细菌总数，则

$$f(1)=2n_0$$

$$f(2)=2f(1)=2^2n_0$$

$$f(3)=2f(2)=2^3n_0$$

$$\vdots$$

一般，有

$$f(t)=2^t n_0$$

那么，细菌总数的增长率为

$$f'(t)=n_0\cdot 2^t\ln 2$$

例 2.39　假设 $C=C(x)$是某公司在生产 x 件产品时的总成本，这个函数 C 称为成本函数.成本的平均变化率为$\dfrac{\Delta C}{\Delta x}=\dfrac{C(x_0+\Delta x)-C(x_0)}{\Delta x}$，这个量在当 $\Delta x\to 0$ 时的极限，即成本关于产品件数的瞬时变化率，经济学家称为边际成本，即边际成本$=\lim\limits_{\Delta x\to 0}\dfrac{\Delta C}{\Delta x}=\dfrac{\mathrm{d}C}{\mathrm{d}x}$.如果设某个公司生产 x 件产品的成本(单位：元)为 $C(x)=10\,000+5x+0.01x^2$.求其生产 500 件产品时的边际成本.

解　由于 $C(x)=10\,000+5x+0.01x^2$，则边际成本函数为

$$C'(x)=5+0.02x$$

生产 500 件产品时的边际成本为

$$C'(500)=5+0.02\times 500=15\ \text{元}/\text{件}$$

注:对边际成本 $C'(n)=\lim\limits_{\Delta x\to 0}\dfrac{\Delta C}{\Delta x}=\lim\limits_{\Delta x\to 0}\dfrac{C(n+\Delta x)-C(n)}{\Delta x}$,当 n 充分大时,取 $\Delta x=1$,则 $C'(n)\approx C(n+1)-C(n)$.这说明生产 n 件产品的边际成本近似等于多生产一件产品(第 $n+1$ 件产品)的成本.因此,如果边际成本小于平均成本 $\dfrac{C(x)}{x}$,则要考虑增加产量以降低单件产品的成本;否则就要考虑削减产量以降低单件产品的成本.实例 3 中,有

$$\frac{C(500)}{500}=\frac{10\,000+5\times 500+0.01\times 500^2}{500}=30$$

则 $C'(500)<\dfrac{C(500)}{500}$,就可考虑增加产量以降低单件产品的成本.

在经济学中,还有边际需求、边际收益、边际利润,它们分别是需求、收益、利润函数的导数.在这里,就不一一详述了.

关于导数问题的例子还有很多,如人口增长率、经济增长率、能源增长率、气体分子的扩散率、电流强度等.因此,对导数的研究,是各门学科的共同要求.

习题 2.6

已知某种商品的成本函数为 $C(x)=420+1.5x+0.002x^2$(单位:元).求边际成本,并将生产 100 件产品时的边际成本与生产第 101 件产品的成本进行比较.

单元检测 2

1.填空题:

(1)已知 $f'(x_0)=3$,则 $\lim\limits_{x\to x_0}\dfrac{f(x)-f(x_0)}{x-x_0}=$__________.

(2)已知通过某导体横截面的电量 Q 与时间 t 的函数关系为 $Q=t^2+2t$(库仑),则导体在 3 s 时电流强度为__________.

(3)已知函数 $f(x)=\sin\frac{1}{x}$,则 $f'\left(\frac{1}{\pi}\right)=$____________.

(4)设 $y=\ln\sin x$,则 $y''=$____________.

(5)设 $f(x)$是可微的,则 $\mathrm{d}(\mathrm{e}^{f(x)})=$____________.

2.选择题:

(1)已知函数 $f(x)=\begin{cases}1-x & x\leqslant 0\\ \mathrm{e}^{-x} & x>0\end{cases}$,则 $f(x)$在 $x=0$ 处(　　).

A.间断　　　　B.连续但不可导

C.$f'(0)=-1$　　　　D.$f'(0)=1$

(2)若 $f(u)$可导,且 $y=f(\ln^2 x)$,则$\frac{\mathrm{d}y}{\mathrm{d}x}=$(　　).

A.$f'(\ln^2 x)$　　　　B.$2\ln x f'(\ln^2 x)$

C.$\frac{2\ln x}{x}[f(\ln^2 x)]'$　　　　D.$\frac{2\ln x}{x}f'(\ln^2 x)$

(3)$y=\ln(1+x)$,则 $y^{(5)}=$(　　).

A.$\frac{4!}{(1+x)^5}$　　　　B.$-\frac{4!}{(1+x)^5}$

C.$\frac{5!}{(1+x)^5}$　　　　D.$-\frac{5!}{(1+x)^5}$

(4)两条曲线 $y=\frac{1}{x}$和 $y=ax^2+b$ 在点$\left(2,\frac{1}{2}\right)$处相切,则常数 a,b 为(　　).

A.$a=\frac{1}{16},b=\frac{3}{4}$　　　　B.$a=-\frac{1}{16},b=\frac{3}{4}$

C.$a=\frac{1}{16},b=\frac{1}{4}$　　　　D.$a=-\frac{1}{16},b=\frac{1}{4}$

(5)设以 10 m^3/s 的速率将气体注入球形气球中,当气球半径为 4 m 时,气球表面积的变化速率是(　　).

A.$2\pi\ \mathrm{m}^2/\mathrm{s}$　　　　B.$4\pi\ \mathrm{m}^2/\mathrm{s}$

C.$5\ \mathrm{m}^2/\mathrm{s}$　　　　D.$10\ \mathrm{m}^2/\mathrm{s}$

3.计算下列函数的导数：

(1) $f(x)=\sin x \cdot \ln x^2$　　(2) $y=\dfrac{\sqrt{1+x}-\sqrt{1-x}}{\sqrt{1+x}+\sqrt{1-x}}$

(3) $y=(1+x^2)^{\sin x}$　　(4) $y=\dfrac{\sqrt{x+2}(3-x)^4}{x^3(x+1)^5}(x>3)$

(5)由方程 $x-y^2+xe^y=10$ 确定的隐函数

4.计算$\sqrt[3]{9.02}$的近似值.

5.设曲线 $y=2x^2+3x-26$ 在点 M 处的切线斜率为 15.求点 M 的坐标.

6.假设长方形两边之长分别用 x 和 y 表示.如果 x 边以 0.01 m/s 的速率减少，y 边以 0.02 m/s 的速率增加.试问当 $x=20$(单位:m)，$y=15$(单位:m)时，长方形面积 S 的变化速率和对角线 l 的变化速率各是多少？

第 3 章　导数的应用

本章首先介绍微分中值定理，然后以此为基础应用导数来研究函数以及曲线的某些性态，并利用这些知识解决一些实际问题.

3.1　中值定理

3.1.1　罗尔(Rolle)定理

定理 1(罗尔定理)　如果函数 $f(x)$ 满足条件：

①在闭区间 $[a,b]$ 上连续；

②在开区间 (a,b) 内可导；

③ $f(a)=f(b)$.

则 $f(x)$ 在开区间 (a,b) 内至少存在一点 $\xi\in(a,b)$，使得 $f'(\xi)=0$.

先来考虑定理的几何意义，函数 $f(x)(a\leqslant x\leqslant b)$ 在几何上表示一段曲线弧 AB.定理中第一个条件表示曲线弧 AB 是连续的，第二个条件表示曲线弧 AB 除端点外处处有不垂直于 x 轴的切线，第三个条件表示弦 AB 是水平的(见图 3.1).结论表明，在弧 AB 上至少存在一点 $C(\xi,f(\xi))$，在该点处曲线的切线是水平的，即切线平行于弦.

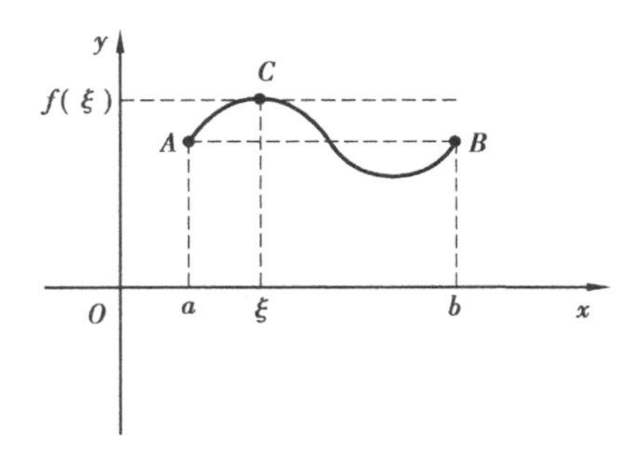

图 3.1

下面证明罗尔定理.

证　先在区间 (a,b) 内找出函数 $f(x)$ 的最大(小)值点 ξ，再证明 $f'(\xi)=0$.

由于 $f(x)$ 在 $[a,b]$ 上连续，故 $f(x)$ 在 $[a、b]$ 上一定存在最大值 M 和最小值 m.

①当 $m=M$ 时，则 $f(x)$ 在 $[a,b]$ 上恒为常数.那么，$f(x)$ 在 (a,b) 内任意一点 ξ，都有 $f'(\xi)=0$.

②当 $m\neq M$ 时，由于 $f(a)=f(b)$，因此，一定至少有一个 $\xi\in(a,b)$，使得 $x<\xi$ 时，$\dfrac{f(x)-f(\xi)}{x-\xi}\geqslant 0$；$x>\xi$ 时，$\dfrac{f(x)-f(\xi)}{x-\xi}\leqslant 0$.又因为 $f(x)$ 在 (a,b) 内可导，所以由保号性，可得

$$f'(\xi)=\lim_{x\to\xi^-}\frac{f(x)-f(\xi)}{x-\xi}\geqslant 0$$

$$f'(\xi)=\lim_{x\to\xi^+}\frac{f(x)-f(\xi)}{x-\xi}\leqslant 0$$

所以

$$f'(\xi)=0$$

注：定理中的 3 个条件是充分的，但不必要.例如，函数 $f(x)=x^3$ 在 $[-1,1]$ 上不满足条件 $f(-1)=f(1)$，但 $\xi=0\in(-1,1)$ 满足 $f'(\xi)=0$.

3.1.2　拉格朗日(Lagrange)中值定理

定理 2(拉格朗日中值定理)　如果函数 $f(x)$ 满足：

①在闭区间 $[a,b]$ 上连续；

②在开区间 (a,b) 内可导.

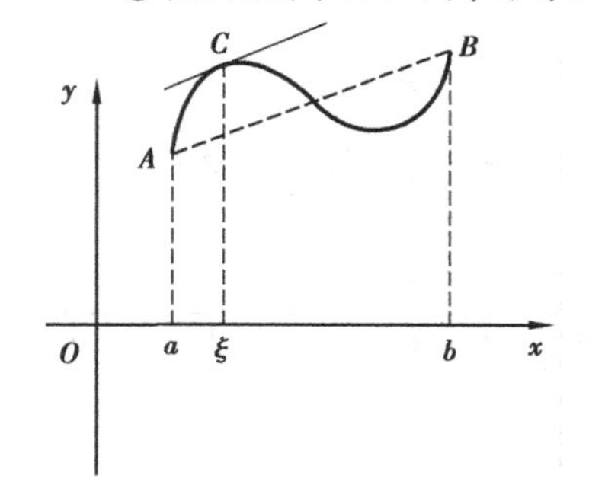

图 3.2

则 $f(x)$ 在开区间 (a,b) 内至少存在一点 $\xi\in(a,b)$，使得

$$f(b)-f(a)=f'(\xi)(b-a)$$

该定理的几何解释为，在函数 $f(x)$ 所对应的曲线弧 AB 上至少有一点 $C(\xi,f(\xi))$，使得该点处的切线平行于弦 AB，如图 3.2 所示.

证　作辅助函数 $\varphi(x)=f(x)-g(x)$，其中

$$g(x)=f(a)+\frac{f(b)-f(a)}{b-a}\cdot(x-a)$$

为弦 AB 所在直线方程,所以

$$\varphi(x)=f(x)-f(a)-\frac{f(b)-f(a)}{b-a}.(x-a)$$

显然 $\varphi(x)$满足罗尔定理条件,故存在 $\xi\in(a,b)$,使 $\varphi'(\xi)=0$.

又 $\varphi'(x)=f'(x)-\dfrac{f(b)-f(a)}{b-a}$,故

$$f'(\xi)=\frac{f(b)-f(a)}{b-a}$$

所以

$$f(b)-f(a)=f'(\xi)(b-a)$$

推论 1　如果函数 $f(x)$在开区间(a,b)内任意一点的导数 $f'(x)$都等于 0,则函数 $f(x)$在(a,b)内是一个常数.

推论 2　如果函数 $f(x)$与 $g(x)$在区间(a,b)内每一点的导数 $f'(x)$与$g'(x)$都相等,则这两个函数在区间(a,b)内至多相差一个常数.

例 3.1　证明方程 $x^5-5x+1=0$ 有且仅有一个小于 1 的正实根.

证　设 $f(x)=x^5-5x+1$,则 $f(x)$在$[0,1]$上连续且在$(0,1)$内可导,且 $f(0)=1,f(1)=-3$.

由零点定理,$\exists x_0\in(0,1)$,使 $f(x_0)=0$,即方程有小于 1 的正实根.假设 $\exists x_1\in(0,1)$,且 $x_1\neq x_0$,也满足 $f(x_1)=0$,不妨设 $x_0<x_1$,

则在$[x_0,x_1]$上$f(x)$满足罗尔定理的条件.

所以至少$\exists\xi\in(x_0,x_1)$,使 $f'(\xi)=0$.

但是 $f'(x)=5(x^4-1)<0,x\in(0,1)$,所以与 $f'(\xi)=0$ 矛盾.

所以方程有唯一的小于 1 的正实根.

例 3.2　证明当 $x>0$ 时,$\dfrac{x}{1+x}<\ln(1+x)<x$.

证　函数 $f(t)=\ln(1+t)$在区间$[0,x]$上满足拉格朗日中值定理的条件,$f'(t)=\dfrac{1}{1+t}$,所以存在 $\xi\in(0,x)$,使得

$$\ln(1+x)-\ln 1=\frac{1}{1+\xi}(x-0)$$

即

$$\ln(1+x)=\frac{1}{1+\xi}\qquad 0<\xi<x$$

因为 $0<\xi<x$，所以

$$\frac{x}{1+x}<\frac{x}{1+\xi}<x$$

即得不等式

$$\frac{x}{1+x}<\ln(1+x)<x$$

3.1.3　柯西(Cauchy)中值定理

定理 3(柯西中值定理)　若函数 $f(x)$，$g(x)$满足：

①在闭区间$[a,b]$上连续；

②在开区间(a,b)内可导，且 $g'(x)\neq 0$.

则至少存在一点 $\xi\in(a,b)$，使得

$$\frac{f(b)-f(a)}{g(b)-g(a)}=\frac{f'(\xi)}{g'(\xi)}$$

习题 3.1

1.验证函数 $y=\frac{1}{3}x^3-x$ 在闭区间$[-\sqrt{3},\sqrt{3}]$上满足罗尔定理的条件，并求出定理结论中的 ξ.

2.已知函数 $f(x)=\ln\sin x$ 在闭区间$\left[\frac{\pi}{6},\frac{5\pi}{6}\right]$上满足拉格朗日中值定理的条件，求 ξ.

3.利用拉格朗日中值定理证明不等式：

(1) 当 $x>1$ 时，$e^x>e\cdot x$；

(2)当 $x>0$ 时,$\ln\left(1+\frac{1}{x}\right)>\frac{1}{1+x}$.

4.证明方程 $x^3-3x+1=0$ 在(0,1)内只有一个实根.

5.证明当 $-1\leqslant x\leqslant 1$ 时,有 $\arcsin x+\arccos x=\frac{\pi}{2}$.

3.2　洛必达法则

在第1章求函数的极限时,较困难的是求两个无穷小或两个无穷大之比的极限,这种极限可能存在也可能不存在.当两个函数都是无穷小时,称为 $\frac{0}{0}$ 型未定式,如 $\lim\limits_{x\to 0}\frac{\sin x}{x}$ 就是 $\frac{0}{0}$ 型未定式.当两个函数都是无穷大时,称为 $\frac{\infty}{\infty}$ 型未定式.本节介绍一种求这类极限的方法——洛必达法则.

3.2.1　$\frac{0}{0}$ 型和 $\frac{\infty}{\infty}$ 型未定式

定理　设函数 $f(x)$,$g(x)$ 满足:

① $\lim\limits_{x\to x_0}f(x)=0$,$\lim\limits_{x\to x_0}g(x)=0$;

②在点 x_0 的某去心领域 $\mathring{U}(x_0,\delta)$ 内,$f'(x)$ 和 $g'(x)$ 都存在,且 $g'(x)\neq 0$;

③ $\lim\limits_{x\to x_0}\frac{f'(x)}{g'(x)}$ 存在或为无穷大.

则极限 $\lim\limits_{x\to x_0}\frac{f(x)}{g(x)}$ 存在或为无穷大,且

$$\lim_{x\to x_0}\frac{f(x)}{g(x)}=\lim_{x\to x_0}\frac{f'(x)}{g'(x)}$$

证　由条件(2)知,$f(x)$ 与 $g(x)$ 在 $\mathring{U}(x_0,\delta)$ 上连续,若令 $f(x_0)=g(x_0)=0$,则 $f(x)$ 与 $g(x)$ 在 $U(x_0,\delta)$ 上连续.在 $U(x_0,\delta)$ 内任取点 x,不妨设 $x<x_0$,在区间 $[x,x_0]$ 上,函数 $f(x)$ 与 $g(x)$ 满足柯西中值定理条件,故

$$\frac{f(x)}{g(x)}=\frac{f(x)-f(x_0)}{g(x)-g(x_0)}=\frac{f'(\xi)}{g'(\xi)}$$

ξ 在 x_0 与 x 之间.因为 ξ 在 x_0 与 x 之间,所以 $x\to x_0$ 时 $\xi\to x_0$,且由条件(3)得

$$\lim_{x\to x_0}\frac{f(x)}{g(x)}=\lim_{\xi\to x_0}\frac{f'(\xi)}{g'(\xi)}=\lim_{x\to x_0}\frac{f'(x)}{g'(x)}$$

利用以上定理求 $\frac{0}{0}$ 型未定式的值的办法,称为洛必达法则.如果 $\frac{f'(x)}{g'(x)}$ 当 $x\to x_0$ 时,仍为 $\frac{0}{0}$ 型未定式,且 $f'(x)$ 与 $g'(x)$ 仍满足定理 1,可继续使用洛必达法则.

注:其中极限的变化过程 $x\to x_0$ 换为 $x\to\infty$,$x\to+\infty$,$x\to-\infty$,或 $x\to x_0^+$,$x\to x_0^-$ 中的任何一个时,可以证明相应的结论仍成立.又条件(1)改为 $\lim\limits_{x\to x_0}f(x)=\infty$,$\lim\limits_{x\to x_0}g(x)=\infty$,结论也成立,所有这些结论统称为洛必达法则.

例 3.3　求 $\lim\limits_{x\to 0}\frac{\tan x}{x}$.

解　这是 $\frac{0}{0}$ 型未定式,则可用洛必达法则,得

$$\lim_{x\to 0}\frac{\tan x}{x}=\lim_{x\to 0}\frac{\sec^2 x}{1}=1$$

例 3.4　求 $\lim\limits_{x\to 0}\frac{x^3-3x+2}{x^3-x^2-x+1}$.

解　这是 $\frac{0}{0}$ 型未定式,所以

$$\lim_{x\to 0}\frac{x^3-3x+2}{x^3-x^2-x+1}=\lim_{x\to 0}\frac{3x^2-3}{3x^2-2x-1}$$

此时仍是 $\frac{0}{0}$ 型未定式,继续用洛必达法则,得

$$\lim_{x\to 0}\frac{x^3-3x+2}{x^3-x^2-x+1}=\lim_{x\to 0}\frac{3x^2-3}{3x^2-2x-1}$$

$$=\lim_{x\to 0}\frac{6x}{6x-2}=\frac{3}{2}$$

例 3.5　求 $\lim\limits_{x\to+\infty}\dfrac{\dfrac{\pi}{2}-\arctan x}{\dfrac{1}{x}}$.

解　这是 $x\to+\infty$ 时的 $\dfrac{0}{0}$ 型未定式,用洛必达法则,得

$$\lim_{x\to+\infty}\frac{\dfrac{\pi}{2}-\arctan x}{\dfrac{1}{x}}=\lim_{x\to+\infty}\frac{-\dfrac{1}{1+x^2}}{-\dfrac{1}{x^2}}=\lim_{x\to+\infty}\frac{x^2}{1+x^2}=1$$

例 3.6　求 $\lim\limits_{x\to+\infty}\dfrac{\ln x}{x^n}(n>0)$.

解　这是 $\dfrac{\infty}{\infty}$ 型未定式,用洛必达法则,得

$$\lim_{x\to+\infty}\frac{\ln x}{x^n}=\lim_{x\to+\infty}\frac{\dfrac{1}{x}}{nx^{n-1}}=\lim_{x\to+\infty}\frac{1}{nx^n}=0$$

例 3.7　$\lim\limits_{x\to0^+}\dfrac{\ln\sin x}{\ln x}$.

解

$$\lim_{x\to0^+}\frac{\ln\sin x}{\ln x}=\lim_{x\to0^+}\frac{\dfrac{\cos x}{\sin x}}{\dfrac{1}{x}}=\lim_{x\to0^+}\frac{x}{\sin x}\cdot\cos x=1$$

3.2.2　其他类型的未定式

除上述 $\dfrac{0}{0}$ 型、$\dfrac{\infty}{\infty}$ 型未定式以外,还有其他类型的未定式,如 $0\cdot\infty$,$\infty-\infty$,0^0,∞^0.1^∞ 等.求这些未定式的值,通常要将它们转化为 $\dfrac{0}{0}$ 型或 $\dfrac{\infty}{\infty}$ 型未定式,再用洛必达法则计算.下面以例题说明.

例 3.8　求 $\lim\limits_{x\to0^+}x^2\cdot\ln x$.

解　这是 $0\cdot\infty$ 型未定式,可改成

$$\lim_{x\to 0^+} x^2 \cdot \ln x = \lim_{x\to 0^+} \frac{\ln x}{\frac{1}{x^2}}$$

则等式右侧是$\frac{\infty}{\infty}$型未定式,用洛必达法则,得

$$\lim_{x\to 0^+} x^2 \cdot \ln x = \lim_{x\to 0^+} \frac{\ln x}{\frac{1}{x^2}} = \lim_{x\to 0^+} \frac{\frac{1}{x}}{-\frac{2}{x^3}} = \lim_{x\to 0^+} \left(-\frac{x^2}{2}\right) = 0$$

例 3.9 求$\lim\limits_{x\to 0}\left(\frac{1}{\sin x}-\frac{1}{x}\right)$.

解 这是$\infty-\infty$型未定式,可改写为

$$\lim_{x\to 0}\left(\frac{1}{\sin x}-\frac{1}{x}\right) = \lim_{x\to 0^+} \frac{x-\sin x}{x\ \sin x}$$

等式右端为$\frac{0}{0}$型未定式,由于当$x\to 0$时,$\sin x$与x是等价无穷小,可先把分母的$\sin x$用等价无穷小替换,再用洛必达法则,得

$$\begin{aligned}\lim_{x\to 0}\left(\frac{1}{\sin x}-\frac{1}{x}\right) &= \lim_{x\to 0} \frac{x-\sin x}{x\ \sin x} = \lim_{x\to 0} \frac{x-\sin x}{x^2} \\ &= \lim_{x\to 0} \frac{1-\cos x}{2x} = \lim_{x\to 0} \frac{\sin x}{2} = 0\end{aligned}$$

例 3.10 求$\lim\limits_{x\to 1} x^{\frac{1}{1-x}}$

解 这是1^{∞}型未定式.

设$y=x^{\frac{1}{1-x}}$,两边取对数得$\ln y=\frac{\ln x}{1-x}$,所以$y=e^{\frac{\ln x}{1-x}}$,又$\lim\limits_{x\to 1}\frac{\ln x}{1-x}$是$\frac{0}{0}$型未定式,用洛必达法则,得

$$\lim_{x\to 1} \frac{\ln x}{1-x} = \lim_{x\to 1} \frac{\frac{1}{x}}{-1} = -1$$

所以

$$\lim_{x\to 1} x^{\frac{1}{1-x}} = \lim_{x\to 1} e^{\frac{\ln x}{1-x}} = e^{\lim\limits_{x\to 1}\frac{\ln x}{1-x}} = e^{-1}$$

例 3.11　$\lim\limits_{x\to 0^+} x^{\sin x}$.

解　这是 0^0 型未定式.因为

$$x^{\sin x}=e^{\sin x\cdot\ln x}$$

而 $\lim\limits_{x\to 0^+}\sin x\ln x=\lim\limits_{x\to 0^+}\dfrac{\ln x}{\csc x}$,等式右端是$\dfrac{\infty}{\infty}$型未定式,用洛必达法则,得

$$\lim_{x\to 0^+}\sin x\ln x=\lim_{x\to 0^+}\frac{\ln x}{\csc x}=\lim_{x\to 0^+}\frac{1}{-x\ \csc x\ \cot x}$$

$$=\lim_{x\to 0^+}\left(-\frac{\sin x}{x}\cdot\frac{\sin x}{\cos x}\right)=0$$

所以

$$\lim_{x\to 0^+}x^{\sin x}=\lim_{x\to 0^+}e^{\sin x\ln x}=e^{\lim\limits_{x\to 0^+}\sin x\ln x}=e^0=1$$

例 3.12　求 $\lim\limits_{x\to 0^+}(\cot x)^{\sin x}$.

解　这是∞^0 型未定式.因为

$$(\cot x)^{\sin x}=e^{\sin x\ln\cot x}$$

又

$$\lim_{x\to 0^+}\sin x\ln\cot x=\lim_{x\to 0^+}\frac{\ln\cot x}{\csc x}=\lim_{x\to 0^+}\frac{\tan x\cdot(-\csc^2 x)}{-\csc x\cdot\cot x}$$

$$=\lim_{x\to 0^+}\frac{\sin x}{\cos^2 x}=0$$

所以

$$\lim_{x\to 0^+}(\cot x)^{\sin x}=e^0=1$$

通过上面的例题可见,洛必达法则在求极限的过程中是十分简单优越的.但是,必须注意以下两点:

①只有$\dfrac{0}{0}$型和$\dfrac{\infty}{\infty}$型时才能使用洛必达法则.在连续使用该法则时,每一次都要检查所求极限是不是$\dfrac{0}{0}$型和$\dfrac{\infty}{\infty}$型未定式.

②用洛必达法则求未定式的值时,适当应用无穷小的替换可使极限简单化.

例 3.13　求 $\lim\limits_{x\to 0}\dfrac{\tan x-x}{x^2\sin x}$.

解　这是$\frac{0}{0}$型未定式,可以用洛必达法则,但考虑分母的导数比较烦琐,设法简化计算.由于当$x\to 0$时,$\sin x$与x是等价无穷小,可进行替换,于是得

$$\lim_{x\to 0}\frac{\tan x-x}{x^2\sin x}=\lim_{x\to 0}\frac{\tan x-x}{x^3}$$

因此,利用洛必达法则,得

$$\lim_{x\to 0}\frac{\tan x-x}{x^3}=\lim_{x\to 0}\frac{\sec^2 x-1}{3x^2}=\lim_{x\to 0}\frac{\tan^2 x}{x^2}\cdot\frac{1}{3}=\frac{1}{3}$$

习题 3.2

1.选择题:

(1)下列极限问题能使用洛必达法则的是(　　).

A.$\lim\limits_{x\to 0}\frac{x^2\sin\frac{1}{x}}{\sin x}$　　B.$\lim\limits_{x\to\infty}\frac{x-\sin x}{x}$

C.$\lim\limits_{x\to\frac{\pi}{2}}\frac{\tan x}{\sin 3x}$　　D.$\lim\limits_{x\to\frac{\pi}{2}}\frac{\tan x}{\tan 3x}$

(2)下列极限计算正确的是(　　).

A.$\lim\limits_{x\to\infty}\frac{x-\sin x}{x+\sin x}=\lim\limits_{x\to\infty}\frac{x-\cos x}{x+\cos x}=1$

B.$\lim\limits_{x\to\infty}\frac{x-\sin x}{x+\sin x}=\lim\limits_{x\to\infty}\frac{1-\frac{\sin x}{x}}{1+\frac{\sin x}{x}}=0$

C.$\lim\limits_{x\to\infty}\frac{x-\sin x}{x+\sin x}=\lim\limits_{x\to\infty}\frac{1-\frac{\sin x}{x}}{1+\frac{\sin x}{x}}=1$

D.$\lim\limits_{x\to\infty}\frac{x-\sin x}{x+\sin x}=\lim\limits_{x\to\infty}\frac{1-\cos x}{1+\cos x}=\lim\limits_{x\to\infty}\frac{\sin x}{-\sin x}=-1$

2.利用洛必达法则求下列极限：

(1) $\lim\limits_{x\to 0}\frac{e^x-e^{-x}}{x}$　　(2) $\lim\limits_{x\to 0}\frac{\ln(1+x)}{x}$

(3) $\lim\limits_{x\to 0}\frac{\tan x-x}{x-\sin x}$　　(4) $\lim\limits_{x\to 0^+}\frac{\ln\cot x}{\ln x}$

(5) $\lim\limits_{x\to\frac{\pi}{2}}\frac{\tan x}{\tan 3x}$　　(6) $\lim\limits_{x\to+\infty}\frac{\ln\left(1+\frac{1}{x}\right)}{\operatorname{arccot} x}$

(7) $\lim\limits_{x\to 1}\left(\frac{x}{x-1}-\frac{1}{\ln x}\right)$　　(8) $\lim\limits_{x\to 0}x\cot 2x$

(9) $\lim\limits_{x\to 0}\left(\frac{\pi}{2}\arccos x\right)^{\frac{1}{x}}$　　(10) $\lim\limits_{x\to 0^+}\left(\frac{1}{x}\right)^{\tan x}$

3.3　函数的单调性与极值

从本节开始，通过中值定理，首先利用导数来研究函数 $f(x)$ 或曲线 $y=f(x)$ 的性态，其中包括利用一阶导数研究函数的单调性与极值；然后利用二阶导数研究曲线的凹凸性与拐点；最后画出函数 $y=f(x)$ 的图形.本节先来研究函数的单调性、极值以及最值问题.

3.3.1　函数单调性的判别法

函数单调性的概念在第 1 章中已引入，现在利用导数来判断它.从几何图形上看，若在曲线段上每一点的切线斜率均为正(或负)，则沿着 x 增加的方向，此曲线是上升的(或下降的)，如图 3.3 所示.也就是说，它对应的函数在相应的区间内是单调增加(或减少)的，即有如下定理：

定理 1　若函数 $f(x)$ 在 $[a,b]$ 上连续，在 (a,b) 内可导.

①如果在 (a,b) 内，有 $f'(x)>0$，则 $f(x)$ 在 $[a,b]$ 上单调增加；

②如果在 (a,b) 内，有 $f'(x)<0$，则 $f(x)$ 在 $[a,b]$ 上单调减少.

证　任取 $x_1<x_2\in[a,b]$，则 $f(x)$ 在 $[x_1,x_2]$ 上满足拉格朗日中值定理条件.

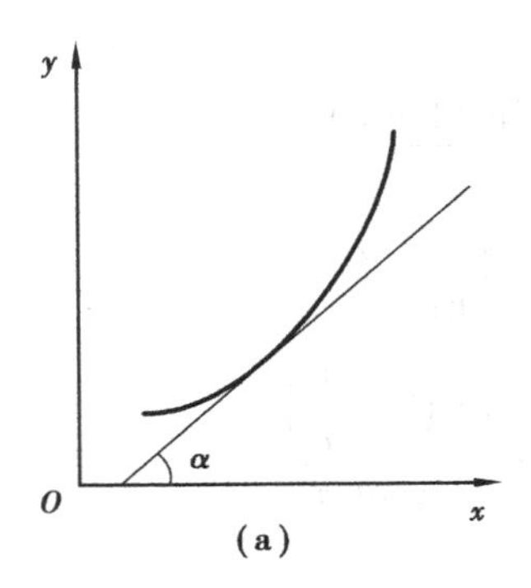

(a)

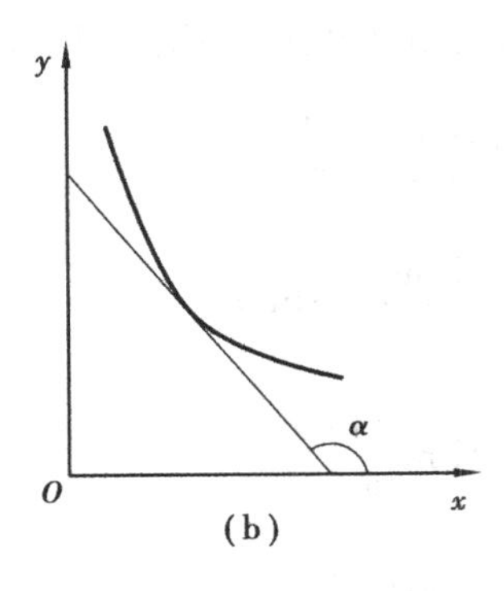

(b)

图 3.3

(a) $\tan\alpha\geqslant 0$　(b) $\tan\alpha\leqslant 0$

故存在 $\xi\in(x_1,x_2)$，使

$$f(x_2)-f(x_1)=f'(\xi)\cdot(x_2-x_1)$$

当 $f'(x)>0$ 时，有 $f'(\xi)>0$，于是

$$f(x_2)-f(x_1)=f'(\xi)\cdot(x_2-x_1)>0$$

则 $f(x_2)>f(x_1)$，所以函数 $f(x)$ 在 $[a,b]$ 上单调增加；同理可得，$f'(x)<0$ 时，函数 $f(x)$ 在 $[a,b]$ 上单调减少.

注：闭区间 $[a,b]$ 改为开区间、半开区间、无穷区间时定理仍成立.

例 3.14　讨论函数 $f(x)=x^3-6x^2-15x+2$ 的单调性.

解　函数 $f(x)$ 的定义域为 $(-\infty,+\infty)$，

$$f'(x)=3x^2-12x-15=3(x-5)(x+1)$$

令 $f'(x)=0$，得 $x_1=-1$，$x_2=5$.这两点将定义域分为 3 个区间

$$(-\infty,-1],[-1,5],[5,+\infty)$$

在区间 $(-\infty,-1)$ 及 $(5,+\infty)$ 内 $f'(x)>0$，在区间 $(-1,5)$ 内 $f'(x)<0$，所以函数在区间 $(-\infty,-1]$，$[5,+\infty)$ 上单调增加，在区间 $[-1,5]$ 上单调减少.

例 3.15　讨论函数 $f(x)=\dfrac{\ln x}{x}$ 的增减性.

解　函数 $f(x)$ 的定义域为 $(0,+\infty)$，则

$$f'(x)=\frac{1-\ln x}{x^2}$$

令 $f'(x)=0$，得 $x=\mathrm{e}$.在区间 $(0,\mathrm{e})$ 内 $\ln x<1, f'(x)>0$.在区间 $(\mathrm{e},+\infty)$ 内 $\ln x>1, f'(x)<0$.所以函数 $f(x)=\dfrac{\ln x}{x}$ 在 $(0,\mathrm{e}]$ 上单调增加，在 $[\mathrm{e},+\infty)$ 上单调减少.

例 3.16　判断函数 $f(x)=x^{\frac{2}{3}}$ 的单调性.

解　函数 $f(x)$ 的定义域为 $(-\infty,+\infty)$，则

$$f'(x)=\frac{2}{3\sqrt[3]{x}}$$

没有使导数等于零的点，但在 $x=0$ 处导数不存在.点 $x=0$ 将定义域分为两个区间 $(-\infty,0),(0,+\infty)$.在 $(-\infty,0)$ 内 $f'(x)<0$，故在 $(-\infty,0)$ 上函数单调减少.在 $(0,+\infty)$ 内 $f'(x)>0$，故在 $(0,+\infty)$ 上函数单调增加.

例 3.17　证明　当 $x>0$ 时，$\mathrm{e}^x>1+x$.

证　设 $f(x)=\mathrm{e}^x-1-x, x\in[0,+\infty)$，则

$$f'(x)=\mathrm{e}^x-1>0 \qquad x\in(0,+\infty)$$

所以 $f(x)$ 在 $[0,+\infty)$ 内单调增加，

又 $f(0)=0$，故当 $x>0$ 时，则

$$f(x)>f(0)=0$$

当 $x>0$ 时，则

$$\mathrm{e}^x>1+x$$

例 3.18　证明方程 $x-\dfrac{1}{2}\sin x=0$ 有唯一实根.

证　显然 $x=0$ 是方程的一个根.设 $f(x)=x-\dfrac{1}{2}\sin x$，则

$$f'(x)=1-\frac{1}{2}\cos x>0$$

所以 $f(x)$ 在 $(-\infty,+\infty)$ 上单调增加，故 $f(x)$ 最多只有一个零点，因此方程有唯一实根.

3.3.2　函数的极值及其求法

定义 1　设函数 $f(x)$ 在点 x_0 的某邻域内有定义，如果对该邻域内任意点

$x(x\neq x_0)$，恒有 $f(x)<f(x_0)(f(x)>f(x_0))$，则称 $f(x_0)$ 为函数 $f(x)$ 的极大(小)值.

函数的极大值和极小值统称为**极值**.使函数取得极值的点称为函数的极值点.

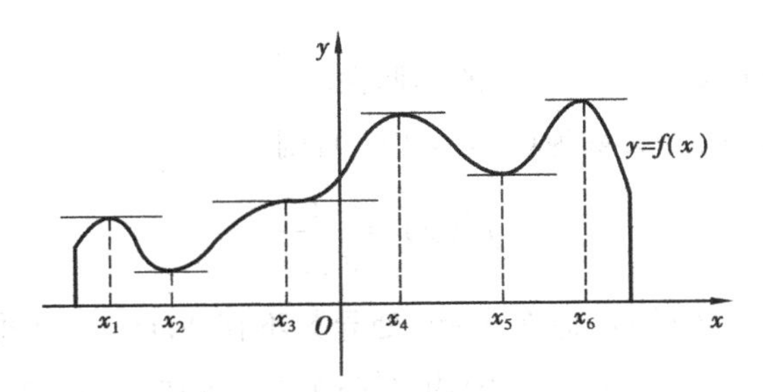

图 3.4

由函数极值的定义可以看出，函数的极值点一定是取在区间的内部，且函数的极值概念是局部性概念.$f(x_0)$ 是 $f(x)$ 的极值是仅就(x_0)的邻域而言的，应该与函数的最大值和最小值区分开.如图 3.4 所示中，函数 $f(x)$ 在区间$[a,b]$上有 3 个极大值 $f(x_1)$，$f(x_4)$, $f(x_6)$，有两个极小值 $f(x_2)$，$f(x_5)$，其中最小值 $f(x_5)$ 大于极大值 $f(x_1)$，因此，函数的极大值不一定大于极小值.

由图 3.4 还可知，在函数 $f(x)$ 取到极值的点处，曲线 $y=f(x)$ 的切线是水平的.由此可得函数取得极值的必要条件.

定理 2(必要条件)　若函数 $f(x)$ 在点 x_0 处可导，且 $f(x)$ 在点 x_0 处取得极值，则 $f'(x_0)=0$.

现在考虑使 $f'(x)$ 等于零的点是否为 $f(x)$ 的极值点.由图 3.4 可知，使得 $f'(x)$ 等于零的点未必是 $f(x)$ 的极值点，故称使得 $f'(x)$ 等于零的点为函数 $f(x)$ 的**驻点**.所以函数 $f(x)$ 的驻点不一定是极值点，只有驻点为函数单调增加和单调减少区间的分界点时，驻点才是极值点.

定理 3(第一充分条件)　若函数 $f(x)$ 在点 x_0 的邻域内可导，且 $f'(x_0)=0$（或 $f(x)$ 在点 x_0 的邻域内除点 x_0 外处处可导，且 $f(x)$ 在点 x_0 连续).若在 x_0 的邻域内：

①当 $x<x_0$ 时，$f'(x)>0(<0)$；当 $x>x_0$ 时，$f'(x)<0(>0)$.则函数 $f(x)$ 在点 x_0 取得极大(小)值.

②除点 x_0 外 $f'(x)$ 恒为正(负)，$f(x_0)$ 不是极值.

证明略.

另外，从例 3.16 可知，$f(x)=x^{\frac{2}{3}}$ 在 $x=0$ 处不可导，但连续，且在点 $x=0$ 两侧函数单调性不同，故 $x=0$ 为极值点.即极值点可以取在函数的不可导点上.

通过该定理可得求函数极值的一般步骤如下：

①求导数 $f'(x)$.

②求 $f'(x)=0$ 的点及 $f'(x)$ 不存在的点.

③考察所求各点两侧 $f'(x)$ 的符号，确定极值点.

④求出各极值点处的函数值，即得函数的极值.

例 3.19　求函数 $f(x)=x^4-4x^3-8x^2+1$ 的极值.

解　$f(x)$ 的定义域是 $(-\infty,+\infty)$.

①$f'(x)=4x^3-12x^2-16x=4x(x+1)(x-4)$

②令 $f'(x)=0$，得驻点 $x_1=-1,x_2=0,x_3=4$.

③依次判断驻点两侧的符号.

在 $x_1=-1$ 的左侧邻域上，$f'(x)<0$；在 $x_1=-1$ 的右侧邻域上，$f'(x)>0$.由定理 3 知，$f(x)$ 在 $x_1=-1$ 处取极小值.

类似可得，$f(x)$ 在 $x_2=0$ 处取极大值，$f(x)$ 在 $x_3=4$ 处取极小值.

④计算出相应的函数值：极大值 $f(0)=1$；极小值 $f(-1)=-2,f(4)=-127$.

例 3.20　求函数 $f(x)=x-3(x-1)^{\frac{2}{3}}$ 的极值.

解　$f(x)$ 的定义域为 $(-\infty,+\infty)$，则

$$f'(x)=1-\frac{2}{(x-1)^{\frac{1}{3}}}=\frac{(x-1)^{\frac{1}{3}}-2}{(x-1)^{\frac{1}{3}}}$$

令 $f'(x)=0$，即 $\sqrt[3]{x-1}=2$，得驻点 $x=9$.在点 $x=1$ 处导数不存在，但函数 $f(x)$ 在该点连续.

点 $x=1$ 及 $x=9$ 将定义域分为 3 个区间：$(-\infty,1)(1,9)(9,+\infty)$.在区间 $(-\infty,1)$ 内，$f'(x)>0$；在区间 $(1,9)$ 内，$f'(x)<0$；在区间 $(9,+\infty)$ 内，$f'(x)>0$.

所以 $f(x)$ 在 $x=1$ 处取得极大值 $f(1)=1$，在 $x=9$ 处取得极小值 $f(9)=-3$.

极值存在的第一充分条件既适用于在点 x_0 处可导，也适用于在点 x_0 处不可导的函数.若函数 $f(x)$ 在驻点 x_0 的二阶导数存在且不为零，则可利用以下所给的第二充分条件来判断函数的极值.

定理 4(第二充分条件) 设函数 $f(x)$ 在点 x_0 处具有二阶导数，且 $f'(x_0)=0$，$f''(x_0)\neq 0$，则：

①当 $f''(x_0)>0$ 时，$f(x_0)$ 为极小值；

②当 $f''(x_0)<0$ 时，$f(x_0)$ 为极大值.

证 只证 $f''(x_0)>0$ 的情形，由导数的定义得

$$f''(x_0)=\lim_{x\to x_0}\frac{f'(x)-f'(x_0)}{x-x_0}$$

因为 $f'(x_0)=0$，故

$$f''(x_0)=\lim_{x\to x_0}\frac{f'(x)}{x-x_0}>0$$

由极限的局部保号性，当 $x\in\mathring{U}(x_0,\delta)$ 时，有 $\dfrac{f'(x)}{x-x_0}>0$，故当 $x>x_0$ 时，有 $f'(x)>0$；当 $x<x_0$ 时，有 $f'(x)<0$.即 $f(x)$ 在点 x_0 处取得极小值 $f(x_0)$.

例 3.21 求 $f(x)=\mathrm{e}^x\cdot\cos x$ 在 $[0,2\pi]$ 上的极值.

解 $f'(x)=\mathrm{e}^x(\cos x-\sin x)$ $f''(x)=-2\mathrm{e}^x\sin x$

令 $f'(x_0)=0$，得驻点 $x_1=\dfrac{\pi}{4}$，$x_2=\dfrac{5\pi}{4}$.易知

$$f''\left(\frac{\pi}{4}\right)<0$$

$$f''\left(\frac{5\pi}{4}\right)>0$$

故 $f(x)$ 在 $x_1=\dfrac{\pi}{4}$ 处取得极大值 $f\left(\dfrac{\pi}{4}\right)=\dfrac{1}{\sqrt{2}}\mathrm{e}^{\frac{\pi}{4}}$，在 $x_2=\dfrac{5\pi}{4}$ 处取得极小值为

$$f\left(\frac{5\pi}{4}\right)=-\frac{1}{\sqrt{2}}\mathrm{e}^{\frac{5\pi}{4}}$$

在判断驻点 x_0 是否为极值点时，若在驻点 x_0 处 $f''(x_0)=0$，则第二充分条件失效，此时仍需用第一充分条件.

例 3.22　求 $f(x)=3x^4-8x^3+6x^2+1$ 的极值.

解
$$f'(x)=12x^3-24x^2+12x=12x(x-1)^2 f''(x)$$
$$=12(3x-1)(x-1)$$

令 $f'(x_0)=0$，得驻点 $x=0,x=1$，且

$$f''(0)>0,f''(1)=0$$

由第二充分条件知，$f(0)=1$ 是函数 $f(x)$ 的极小值.

因为 $f''(1)=0$，用第一充分条件判断驻点 $x=1$ 的情形.由于在 $x=1$ 的两侧，皆有 $f'(x)>0$，故 $x=1$ 不是极值点.

3.3.3　函数的最值

由闭区间上连续函数的性质知，若函数 $f(x)$ 在 $[a,b]$ 上连续，则 $f(x)$ 在 $[a,b]$ 上一定存在最大值和最小值.$f(x)$ 的最值可能在区间 $[a,b]$ 内部取得，也可能在区间的端点 $x=a$ 或 $x=b$ 处取得.若 $f(x)$ 在区间 (a,b) 内 x_0 处取最值，则 $f(x_0)$ 必是函数 $f(x)$ 的极值.故 $x=x_0$ 必为函数 $f(x)$ 的驻点或导数不存在的点.由此可知，函数 $f(x)$ 在闭区间 $[a,b]$ 上的最值一定取在 $f(x)$ 的驻点、导数不存在的点或区间端点处.于是，在求 $f(x)$ 在闭区间 $[a,b]$ 上的最值时，只需找出这些点，然后比较函数 $f(x)$ 在这些点处的函数值，其中最大的就是 $f(x)$ 在闭区间 $[a,b]$ 上的最大值，最小的就是 $f(x)$ 在闭区间 $[a,b]$ 上的最小值.

例 3.23　求函数 $f(x)=2x^3-6x^2-18x+4$ 在 $[-4,4]$ 上的最小值.

解
$$f'(x)=6x^2-12x-18=6(x-3)(x+1)$$

令 $f'(x)=0$，得驻点 $x_1=-1,x_2=3$.在 $(-4,4)$ 内没有使 $f'(x)$ 不存在的点.

因为 $f(-1)=14,f(3)=-50,f(-4)=-148,f(4)=-36$，所以函数 $f(x)$ 在 $[-4,4]$ 上的最大值为 $f(-1)=14$，最小值为 $f(-4)=-148$.

在科学技术和生产实践中常常会遇到最值问题.例如，“产量最高”“成本最低”“材料最省”等问题.下面来看两个实例.

例 3.24　有一块宽为 $2a$ 的长方形铁片，将它的两个边缘向上折起成一开口水

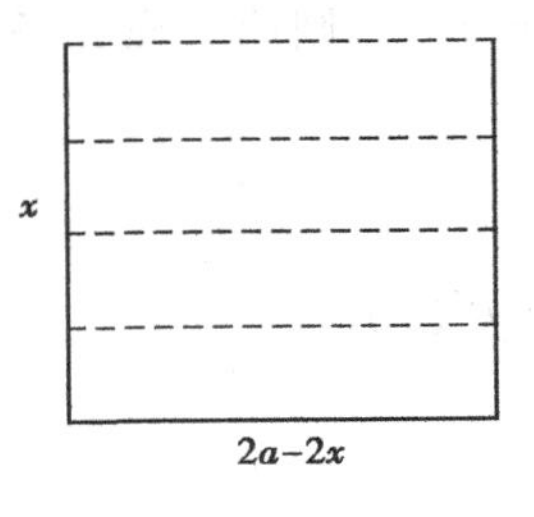

图 3.5

槽，使其横截面为一矩形，矩形高为 x（见图 3.5）. 问 x 取何值时水槽的截面积最大？

解　水槽截面积 S 是 x 的函数

$$S(x)=x(2a-2x) \qquad 0<x<a$$

$$S'(x)=2a-4x$$

令 $S'(x)=0$，得唯一驻点 $x=\frac{a}{2}$. 当 $0<x<\frac{a}{2}$ 时，$S'(x)>0$，$S(x)$ 单调增加；当 $\frac{a}{2}<x<a$ 时，$S'(x)<0$，$S(x)$ 单调减少，所以 $S\left(\frac{a}{2}\right)$ 是函数 $S(x)$ 的最大值，即当两边缘各折起 $\frac{a}{2}$ 时，水槽的截面积最大.

在求函数的最值时，若在一个区间（有限或无限）内连续函数 $f(x)$ 只有唯一一个驻点或不可导点 x_0，那么当 $f(x_0)$ 是 $f(x)$ 的极大（小）值时，$f(x_0)$ 必定也是 $f(x)$ 在该区间的最大（小）值. 此外，在实际问题中可根据问题的实际意义断定所讨论的函数必定在定义区间内取得最值，若此时函数在相应的区间内仅有一个驻点或不可导点，则可以断言在该点处函数必取得最大（小）值.

例 3.25　甲船以 20 n mile/h 速度向东行驶，同一时间乙船在甲船正北 82 n mile 处以 16 n mile/h 的速度向南行. 问经过多少时间，甲乙两船相距最近？

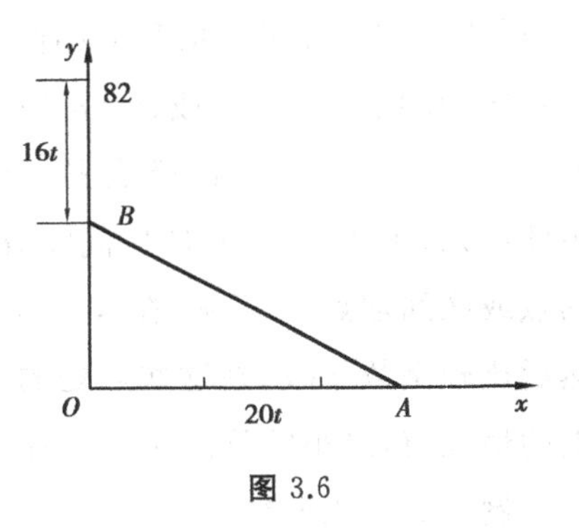

图 3.6

解　依题意，设在 $t=0$ 甲船位于 O 点，乙船位于甲船正北 82 n mile 处，在时刻 t（单位：h）甲船由点 O 出发向东行驶了 $20t$（单位：海里 n mile）至 A 点，乙船向南行行了 $16t$（单位：n mile）至 B 点（见图 3.6）. 甲、乙两船的距离为

$$l=|AB|=\sqrt{(OA)^2+(OB)^2}=\sqrt{(20t)^2+(82-16t)^2} \qquad t\geqslant 0$$

只需求 l 的最小值，即

$$l'=\frac{400t-16(82-16t)}{\sqrt{(20t)^2+(82-16t)^2}}$$

令 $l'=0$，得 $t=2$（单位：h）是函数 l 的唯一驻点.由实际问题知，两船的最近距离一定存在，故当 $t=2$ h 时两船相距最近，且最近距离为 $l|_{t=2}\approx 64$（单位：海里 n mile）.

习题 3.3

1.填空题：

(1)函数 $f(x)=2x^3-6x^2-18x-7$ 的单调增区间是________________.

(2)已知函数 $f(x)=ax^2+bx$ 在 $x=1$ 处取得极大值 2，则 a,b 的值分别为________________.

(3)函数 $y=2x^3-3x^2, x\in[-1,4]$ 的最大值为________________；最小值为________________.

2.求下列函数的单调区间和极值：

(1) $f(x)=\frac{1}{3}x^3-x^2-3x+9$　　(2) $f(x)=x-\ln(1+x)$

(3) $f(x)=x^2e^{-x}$　　(4) $f(x)=x-\frac{3}{2}x^{\frac{2}{3}}$

3.证明下列不等式：

(1)当 $x>0$ 时，$\sin x>x-\frac{1}{6}x^3$.

(2)当 $x>4$ 时，$2^x>x^2$.

(3)当 $x>0$ 时，$1+x\ln(x+\sqrt{1+x^2})>\sqrt{1+x^2}$.

4.要造一圆柱形油罐，体积为 V.问底半径 r 和高 h 等于多少时，才能使表面积最小？

5.在直线 $3x-y-3=0$ 上求一点，使它与点 $A(1,1)$ 和 $B(6,4)$ 的距离平方和最小.

3.4　函数的凹凸性拐点　函数作图

函数的单调性反映了曲线是上升的还是下降的，但对于描述函数的图形来说还不够.本节进一步讨论函数曲线的弯曲方向，以便更准确地描述函数的曲线.

3.4.1　函数的凹凸性与拐点

定义 1　设曲线 $y=f(x)$ 在区间 (a,b) 内各点都有切线，在切点附近如果曲线弧总是位于切线上方，则称曲线 $y=f(x)$ 在 (a,b) 上是**凹的**或称为**凹弧**，如图 3.7 所示，称 (a,b) 为曲线 $y=(x)$ 的**凹区间**.如果曲线弧总是位于切线的下方，则称曲线 $y=f(x)$ 在 (a,b) 上是**凸的**或称为**凸弧**，如图 3.8 所示，称 (a,b) 为曲线 $y=f(x)$ 的**凸区间**.

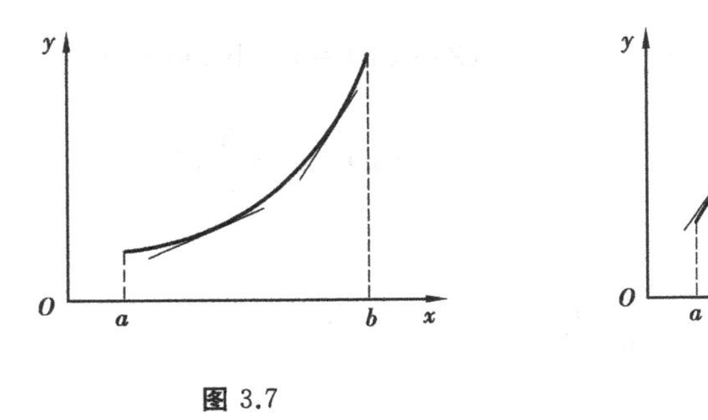

图 3.7　　　　图 3.8

如图 3.7、图 3.8 容易看出，随着坐标 x 的增加，凹弧上各点的切线斜率逐渐增大，即 $f'(x)$ 单调增加；而凸弧上各点的切线斜率逐渐减少，即 $f'(x)$ 的单调性可由 $f''(x)$ 的正负来判断，由此可得曲线凹凸性的判别方法.

定理 1　设函数 $f(x)$ 在区间 (a,b) 上具有二阶导数.

① 如果在 (a,b) 上 $f''(x)>0$，则曲线 $y=f(x)$ 在 (a,b) 上为凹弧；

② 如果在 (a,b) 上 $f''(x)<0$，则曲线 $y=f(x)$ 在 (a,b) 上为凸弧.

例 3.26　判断曲线 $y=\ln x$ 的凹凸性.

解
$$y'=\frac{1}{x}\qquad y''=-\frac{1}{x^2}$$

在函数 $y=\ln x$ 的定义域 $(0,+\infty)$ 上恒有 $y''<0$，所以曲线 $y=\ln x$ 在 $(0,+\infty)$ 为凸弧.

例 3.27　判断曲线 $y=x^3$ 的凹凸性.

解

$$y'=3x^2 \qquad y''=6x$$

当 $x<0$ 时，$y''<0$；当 $x>0$ 时，$y''>0$.所以在 $(-\infty,0)$ 上，曲线 $y=x^3$ 为凸弧，在 $(0,+\infty)$ 上，曲线为凹弧.点 $(0,0)$ 为曲线 $y=x^3$ 由凸弧变为凹弧的分界点.

一般地，连续曲线 $y=f(x)$ 上凸弧与凹弧的分界点称为曲线的**拐点**.

由例 3.27 可见，求曲线 $y=f(x)$ 的拐点，实际上就是找 $f''(x)$ 取正值和负值的分界点.但根据拐点定义，并未要求函数 $f(x)$ 在拐点处可导，所以拐点也可在函数不可导的点上取得.于是，求曲线 $y=f(x)$ 拐点的一般步骤如下：

①求 $f''(x)$.

②求出 $f''(x)=0$ 的点及 $f''(x)$ 不存在的点.

③利用步骤②中求出的点将函数 $y=f(x)$ 的定义域分为若干区间，在每个区间上确定 $f''(x)$ 的符号，从而确定曲线 $y=f(x)$ 的凹凸区间.

④由步骤③中的结果判断各分点是否为拐点.

例 3.28　判断曲线 $y=x^4-4x^3-18x^2+4x+10$ 的凹凸性与拐点.

解　①

$$y'=4x^3-12x^2-36x+4$$

$$y''=12x^3-24x-36=12(x+1)(x-3)$$

②令 $y''=0$ 得，$x=-1$ 及 $x=3$.

③$x=-1$ 及 $x=3$ 将函数的定义域分为 3 个区间 $(-\infty,-1)$，$(-1,3)$，$(3,+\infty)$.

当 $x\in(-\infty,-1)$ 时，$y''>0$，$(-\infty,-1)$ 为曲线的凹区间；

当 $x\in(-1,3)$ 时，$y''<0$，$(-1,3)$ 为曲线的凸区间；

当 $x\in(3,+\infty)$ 时，$y''>0$，$(3,+\infty)$ 为曲线的凹区间.

④在 $x=-1$ 及 $x=3$ 的两侧 y'' 异号，当 $x=-1$ 时，$y=-7$，当 $x=3$ 时，$y=-167$，所以点 $(-1,-7)$，$(3,-167)$ 是曲线的拐点.

例 3.29　求曲线 $y=2+(x-1)^{\frac{1}{3}}$ 的拐点.

解

$$y'=\frac{1}{3\sqrt[3]{(x-1)^2}} \qquad y''=-\frac{2}{9\sqrt[3]{(x-1)^5}}$$

在点 $x=1$ 处函数 $y=2+(x-1)^{\frac{1}{3}}$ 是连续的，但 y' 及 y'' 皆不存在，且没有使 y'' 等于零的点. $x=1$ 将定义域 $(-\infty,+\infty)$ 分成两部分 $(-\infty,1)$ 及 $(1,+\infty)$. 在 $(-\infty,1)$ 内，$y''>0$，在 $(1,+\infty)$ 内，$y''<0$. 当 $x=1$ 时，$y=2$，点 $(1,2)$ 为曲线的拐点.

3.4.2 函数作图

本章前几节通过导数研究了函数的单调性、极值及其图形的凹凸性与拐点，且在第1章学习了曲线的水平渐近线和铅直渐近线，这样即可准确地画出函数的图形.

描绘函数 $y=f(x)$ 图形的一般步骤如下：

①确定函数的定义域.

②求出 $f'(x)$ 以及 $f'(x)=0$ 和 $f'(x)$ 不存在的点.

③求出 $f''(x)$ 以及 $f''(x)=0$ 和 $f''(x)$ 不存在的点.

④用以上各点将定义域划分为若干区间，列表格判断每个区间上函数的单调性和曲线的凸凹性，并确定函数的极值点和曲线的拐点.

⑤求出曲线的水平渐近线和铅直渐近线.

⑥在直角坐标系中描出极值点对应的曲线上的点、拐点、渐近线，将各点连线即可.

另外，为了更准确地描出函数图形，还可以再找几个图形上特殊的点，如曲线与坐标轴的交点等.

例 3.30 描绘函数 $y=x^3-x^2-x+1$ 的图形.

解 ①函数的定义域 $(-\infty,+\infty)$.

② $y'=3x^2-2x-1=(3x+1)(x-1)$. 得驻点 $x=-\dfrac{1}{3}$，$x=1$.

③ $y''=6x-2$. 令 $y''=0$，得 $x=\dfrac{1}{3}$.

④列表.

x	$\left(-\infty,\dfrac{1}{3}\right)$	$-\dfrac{1}{3}$	$\left(-\dfrac{1}{3},\dfrac{1}{3}\right)$	$\dfrac{1}{3}$	$\left(\dfrac{1}{3},1\right)$	1	$(1+\infty)$
y'	+	0	−	−	−	0	+
y''	−	−	−	0	+	+	+
y	增	$\dfrac{32}{27}$极大值	凸	$\dfrac{16}{27}$拐点	凹	0 极小值	凹

⑤ $\lim\limits_{x\to\pm\infty} f(x)=\pm\infty$,曲线没有渐近线.

⑥按上表作图(见图 3.9).

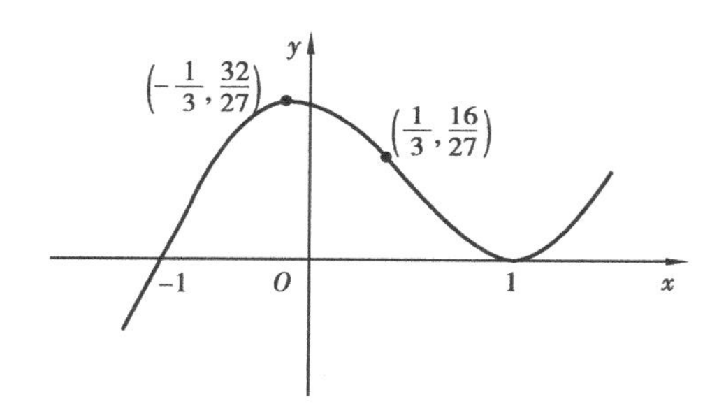

图 3.9

习题 3.4

1.选择题:

(1) 设在区间(a,b)内 $f'(x)>0,f''(x)<0$,则在区间(a,b)内,曲线 $y=f(x)$(　　).

A.沿 x 轴正向下降且为凸的　　B.沿 x 轴正向下升且为凸的

C.沿 x 轴正向下降且为凹的　　D.沿 x 轴正向下降且为凹的

(2)设函数 $y=f(x)$在区间$[a,b]$上有二阶导数,则当(　　)成立时,曲线$y=f(x)$在(a,b)内是凹的.

A. $f''(a)>0$

B. $f''(b)>0$

C. 在 (a,b) 内 $f''(x)\neq 0$

D. $f''(a)>0$ 且 $f''(x)$ 在 (a,b) 内单调增加

(3) 设函数 $y=f(x)$ 在区间 (a,b) 内有二阶导数，则当（　　）成立时，点 $(c,f(c))(a<c<b)$ 是曲线 $y=f(x)$ 的拐点.

A. $f''(c)=0$　　B. $f''(x)$ 在 (a,b) 内单调增加

C. $f''(c)=0$，$f''(x)$ 在 (a,b) 内单调增加　　D. $f''(x)$ 在 (a,b) 内单调减少

2.求下列曲线的凹凸区间和拐点：

(1) $f(x)=\frac{1}{3}x^3-\frac{1}{2}x^3-2x$　　(2) $f(x)=x+\frac{2x}{x^2-1}$

(3) $f(x)=x^4(12\ln x-7)$　　(4) $f(x)=\ln(1+x^2)$

3.描绘下列函数的图形：

(1) $y=x^3-6x^2+9x-5$　　(2) $y=\ln(1+x^2)$

3.5 应用实例

利用微分学求最大值、最小值的方法在实际应用中非常广泛，本节介绍其在 T 形通道设计中的应用.

在很多拥有大型设备的企业（如火力发电厂，它拥有锅炉、汽轮机、发电机等大型设备），厂房规格的设计要考虑这些大型设备能够顺利安装到机位上.如何将设备顺利地安装到机位上这就涉及运输通道的设计问题.

假定某企业新购置一台长为 L 的设备，要从 A 处经过 T 形通道运抵 B 处（见图 3.10）.已知 T 形通道的 U 通道宽度为 a（定值）.问如何设计通道 V 的宽度可以使大型设备顺利抵达 B 处，且不因运送设备这一项任务而浪费通道 V 所占用的空间.

已知 $PC=a$，$PQ=L$.求 x 使设备能从 A 点出发通过 T 形通道到达 B 处.

设 $\angle CPQ=\angle DRQ=\theta$,则

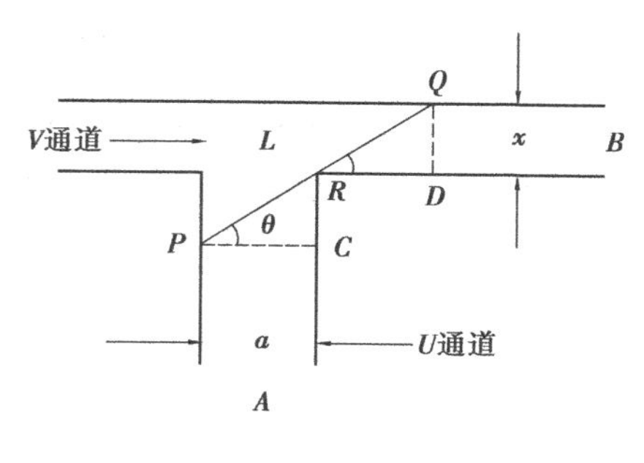

图 3.10

$$x=RQ\sin\theta, a=PR\cdot\cos\theta$$

于是,$L=\dfrac{x}{\sin\theta}+\dfrac{a}{\cos\theta}$,所以

$$x=x(\theta)=L\sin\theta-a\tan\theta \qquad 0<\theta<\frac{\pi}{2}$$

此问题就是求 θ 使 x 达到最小,即

$$\frac{dx}{d\theta}=L\cos\theta-a\sec^2\theta$$

令 $\dfrac{dx}{d\theta}=0$,得 $\cos\theta=\sqrt[3]{\dfrac{a}{L}}$,所以 $\theta=\arccos\sqrt[3]{\dfrac{a}{L}}$,则

$$\frac{d^2x}{d\theta^2}=-L\sin\theta-2a\sec^2\theta\cdot\tan\theta$$

当 $0<\theta<\dfrac{\pi}{2}$ 时,$\dfrac{d^2x}{d\theta^2}<0$,于是当 $\theta_0=\arccos\sqrt[3]{\dfrac{a}{L}}$ 时,x 可取得极大值.由实际情况可知,设备以 R 作为支撑点,下端与 U 通道的内壁相接,则设备的上端在 V 通道张开的宽度一定有最大值,即 $x=x(\theta)$ 在 $\left(0,\dfrac{\pi}{2}\right)$ 上有最大值.又因为 $x=x(\theta)$ 在区间 $\left(0,\dfrac{\pi}{2}\right)$ 内只有一个极大值点,故 $\theta_0=\arccos\sqrt[3]{\dfrac{a}{L}}$ 为函数 $x=x(\theta)$ 的最大值点,最大值为

$$x=x(\theta_0)=L\sin\left(\arccos\sqrt[3]{\frac{a}{L}}\right)-a\tan\left(\arccos\sqrt[3]{\frac{a}{L}}\right)$$

因此,当 T 形通道的 V 通道设计宽度为 $x(\theta_0)$ 时,就能顺利地将设备从 A 点出发通过 T 形通道运送到达 B 处.

特别地,若 $a=1$ m,$L=8$ m,则

$$\arccos\sqrt[3]{\frac{a}{L}}=\arccos\frac{1}{8}=\frac{\pi}{3}$$

所以

$$x=x\left(\frac{\pi}{3}\right)=8\sin\frac{\pi}{3}-\tan\frac{\pi}{3}=3\sqrt{3}\approx 5.196\text{ m}$$

即 V 通道设计宽度至少为 5.196 m 时才能将设备运送到 B 处.

其实,更一般地,大型设备既有长度,也有宽度.因此,当设备长度为 L,宽度为 d 时(见图 3.11),根据上述方法依然可以求出 V 通道的设计宽度.

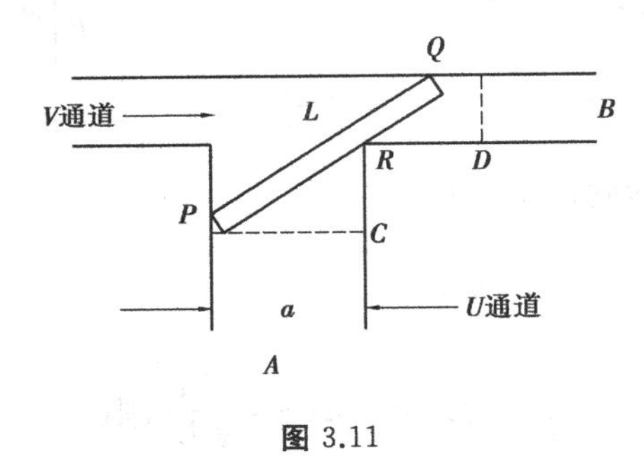

图 3.11

单元检测 3

1.选择题:

(1)若 $f(x)$在(a,b)可导且 $f(a)=f(b)$,则(　　).

A.至少存在一点 $\xi\in(a,b)$,使 $f'(\xi)=0$

B.一定不存在点 $\xi\in(a,b)$,使 $f'(\xi)=0$

C.恰存在一点 $\xi\in(a,b)$,使 $f'(\xi)=0$

D.对任意的 $\xi\in(a,b)$,不一定能使 $f'(\xi)=0$

(2)$f'(x_0)=0$ 是可导函数 $f(x)$在 x_0 点处有极值的(　　).

A.充分条件　　B.必要条件

C.充要条件　　D.既不充分也不必要条件

(3)若 $f(x)$在点 $x=0$ 的邻域内连续,$f(0)=0$,$\lim\limits_{x\to 0}\dfrac{f(x)}{1-\cos x}=1$,则(　　).

A.$f(0)$是极小值

B.$f(0)$是极大值

C.$f(x)$在点 $x=0$ 的邻域内单调递增

D. $f(x)$在点 $x=0$ 的邻域内单调递减

2.利用洛必达法则求下列极限：

(1) $\lim\limits_{x\to 1}\dfrac{\cos^2\dfrac{\pi}{2}x}{(x-1)^2}$　　(2) $\lim\limits_{x\to +\infty}\dfrac{\ln(1+x)}{e^x}$

(3) $\lim\limits_{x\to 0}\left(\dfrac{1}{x}-\dfrac{1}{\ln(1+x)}\right)$　　(4) $\lim\limits_{x\to +\infty}(x+e^x)^{\frac{1}{x}}$

(5) $\lim\limits_{x\to 0}(\cos\sqrt{x})^{\frac{\pi}{x}}$　　(6) $\lim\limits_{x\to \left(\frac{\pi}{2}\right)^-}(\tan x)^{2x-\pi}$

3.求下列函数的单调区间与极值，函数图形的凹凸区间和拐点：

(1) $y=e^{-x}\sin x$　　(2) $y=x-e^{-x}$

(3) $y=\dfrac{(x-2)(3-x)}{x^2}$　　(4) $y=\arctan\dfrac{1-x}{1+x}$

(5) $y=\dfrac{2}{3}-\sqrt[3]{x}$

4.证明：当 $x>0$ 时，$\ln(x+\sqrt{1+x^2})>\dfrac{x}{\sqrt{1+x^2}}$.

5.描绘函数 $y=\dfrac{1}{\sqrt{2\pi}}e^{-\frac{x^2}{2}}$ 的图形.

第 4 章　不定积分

不定积分运算是函数求导运算的逆运算，本章介绍不定积分的概念、性质及计算.

4.1　不定积分的概念与性质

4.1.1　原函数与不定积分

定义 1　如果在区间 I 上，可导函数 $F(x)$ 的导函数为 $f(x)$，即 $\forall x\in I$，$F'(x)=f(x)$ 或 $\mathrm{d}F(x)=f(x)\mathrm{d}x$，则称 $F(x)$ 为 $f(x)$ 在区间 I 上的一个原函数.

例如，$\forall x\in(-\infty,+\infty)$，$(\sin x)'=\cos x$，所以 $\sin x$ 是 $\cos x$ 在 $(-\infty,+\infty)$ 上的一个原函数.

又如，$\forall x\in(-\infty,+\infty)$，$\left(\dfrac{x^3}{3}\right)'=x^2$，所以 $\dfrac{x^3}{3}$ 是 x^2 在 $(-\infty,+\infty)$ 上的一个原函数.

那么，一个函数应具备什么条件，才能保证其原函数一定存在呢？

定理 1(原函数存在定理)　在区间 I 上连续的函数必有原函数.

注：①如果 $f(x)$ 在区间 I 上有原函数 $F(x)$，即 $\forall x\in I$，$F'(x)=f(x)$，那么由于对任何常数 C，都有 $[F(x)+C]'=f(x)$. 因此，$F(x)+C$ 也是 $f(x)$ 在 I 上的原函数. 即如果函数 $f(x)$ 有一个原函数 $F(x)$，则 $f(x)$ 就有一族原函数 $F(x)+C$.

②如果 $F(x)$ 是 $f(x)$ 在区间 I 上的一个原函数，$\Phi(x)$ 也是 $f(x)$ 在区间 I 上的一个原函数，则这两个原函数之间至多相差一个常数.

因此，当 $F(x)$ 为 $f(x)$ 的一个原函数时，表达式 $F(x)+C$ 表示 $f(x)$ 的全体原函数，于是有以下定义：

定义 2　在区间 I 上，如果函数 $f(x)$ 有一个原函数 $F(x)$，则其全体原函数 $F(x)+C$ 称为 $f(x)$ 在区间 I 上的不定积分.记作

$$\int f(x)\mathrm{d}x = F(x) + C$$

其中，$\int$ 称为积分号，$f(x)$ 称为被积函数，$f(x)\mathrm{d}x$ 称为被积表达式，x 称为积分变量.

因此，要求一个函数的不定积分，只需求出一个原函数，再加上一个任意常数 C 即可.

例 4.1　求 $\int x^5\mathrm{d}x$.

解　因为

$$\left(\frac{x^6}{6}\right)' = x^5$$

所以

$$\int x^5 = \frac{x^6}{6} + C$$

例 4.2　求 $\int \frac{1}{1+x^2}\mathrm{d}x$.

解　因为

$$(\arctan x)' = \frac{1}{1+x^2}$$

所以

$$\int \frac{1}{1+x^2}\mathrm{d}x = \arctan x + C$$

4.1.2　不定积分的几何意义

一般地，将函数 $f(x)$ 的原函数 $F(x)$ 的图形称为函数 $f(x)$ 的积分曲线.

因此，求 $\int f(x)\mathrm{d}x$ 会得到一积分曲线族.

积分曲线族 $y=F(x)+C$ 的特点如下：

①积分曲线族中任意一条曲线，都可由曲线 $y=F(x)$ 沿 y 轴上下平移 $|C|$ 个单位而得到：当 $C>0$ 是向上平移，当 $C<0$ 时向下平移.

②由于 $F'(x)=f(x)$，即横坐标相同的点 x_0 处，每一条积分曲线上相应的切线斜率都相等且为 $f(x_0)$，从而积分曲线上相应点处的切线相互平行（见图 4.1），这就是不定积分的几何意义.

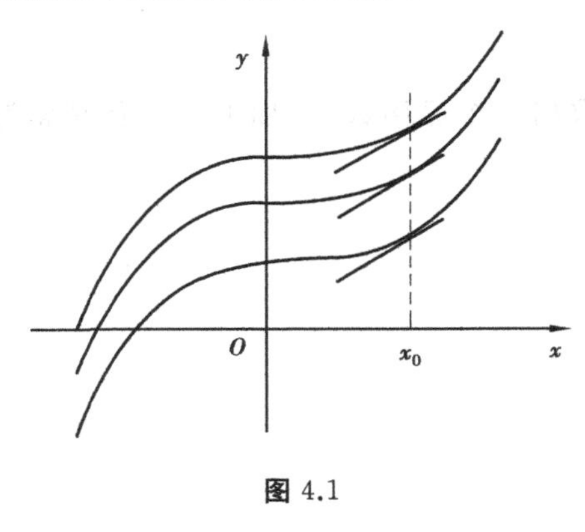

图 4.1

例 4.3 设曲线通过点(1,2)，且其上任一点的切线斜率等于这点横坐标的 2 倍.求此曲线方程.

解 设所求的曲线方程为 $y=f(x)$，按题设，曲线上任一点 (x,y) 处的切线斜率为

$$\frac{\mathrm{d}y}{\mathrm{d}x}=2x$$

即 $y=f(x)$ 是 $2x$ 的一个原函数.

因为

$$\int 2x\,\mathrm{d}x=x^2+C$$

故所求的积分曲线族为

$$y=x^2+C$$

又曲线过点(1,2)，所以代入方程得

$$2=1+C \qquad C=1$$

于是所求曲线方程为 $y=x^2+1$.

4.1.3 不定积分的性质

根据不定积分的定义，可推出以下性质：

性质 1 代数和的不定积分等于不定积分的代数和，即

$$\int[f(x)\pm g(x)]\mathrm{d}x=\int f(x)\mathrm{d}x\pm\int g(x)\mathrm{d}x \tag{4.1}$$

性质 2　常数因子可以从不定积分符号中提出，即

$$\int kf(x)\mathrm{d}x = k\int f(x)\mathrm{d}x \tag{4.2}$$

4.1.4　基本积分公式

由于积分运算是微分(或求导)运算的逆运算.因此，由基本导数公式可直接得出基本积分公式.如$\left(\dfrac{x^{\mu+1}}{\mu+1}\right)'=x^{\mu}(\mu\neq-1)$，所以$\dfrac{x^{\mu+1}}{\mu+1}$是$x^{\mu}$的一个原函数.于是

$$\int x^{\mu}\mathrm{d}x = \frac{x^{\mu+1}}{\mu+1}+C \qquad \mu\neq-1$$

类似地，公式如下：

① $\int 0\mathrm{d}x = C$

② $\int x^{\mu}\mathrm{d}x = \dfrac{x^{\mu+1}}{\mu+1}+C\ (\mu\neq-1)$

③ $\int \dfrac{\mathrm{d}x}{x} = \ln|x|+C$

④ $\int a^{x}\mathrm{d}x = \dfrac{a^{x}}{\ln a}+C$

⑤ $\int \mathrm{e}^{x}\mathrm{d}x = \mathrm{e}^{x}+C$

⑥ $\int \cos x\,\mathrm{d}x = \sin x+C$

⑦ $\int \sin x\,\mathrm{d}x = -\cos x+C$

⑧ $\int \sec^{2}x\,\mathrm{d}x = \tan x+C$

⑨ $\int \csc^{2}x\,\mathrm{d}x = -\cot x+C$

⑩ $\int \sec x\tan x\,\mathrm{d}x = \sec x+C$

⑪ $\int \csc x\cot x\,\mathrm{d}x = -\csc x+C$

⑫ $\int \frac{\mathrm{d}x}{\sqrt{1-x^2}} = \arcsin x + C$

⑬ $\int \frac{\mathrm{d}x}{1+x^2} = \arctan x + C$

以上这些基本的积分公式必须熟记，它是计算不定积分的基础.

例 4.4　求 $\int \frac{\mathrm{d}x}{x^5}$.

解　$$\int \frac{\mathrm{d}x}{x^5} = \int x^{-5}\mathrm{d}x = \frac{x^{-5+1}}{-5+1} + C = -\frac{1}{4x^4} + C$$

例 4.5　求 $\int \frac{(x-1)^3}{x^2}\mathrm{d}x$.

解　$$\begin{aligned}\int \frac{(x-1)^3}{x^2}\mathrm{d}x &= \int \frac{x^3-3x^2+3x-1}{x^2}\mathrm{d}x \\ &= \int \left(x-3+\frac{3}{x}-\frac{1}{x^2}\right)\mathrm{d}x \\ &= \int x\,\mathrm{d}x - 3\int \mathrm{d}x + 3\int \frac{\mathrm{d}x}{x} - \int \frac{\mathrm{d}x}{x^2} \\ &= \frac{x^2}{2} - 3x + 3\ln|x| + \frac{1}{x} + C\end{aligned}$$

例 4.6　求 $\int (3\sin x + 2^x + \sec^2 x)\mathrm{d}x$.

解　$$\int (3\sin x + 2^x + \sec^2 x)\mathrm{d}x = -3\cos x + \frac{2x}{\ln 2} + \tan x + C$$

例 4.7　求 $\int \frac{(\sqrt{x}+1)^2}{x}\mathrm{d}x$.

解　$$\begin{aligned}\int \frac{(\sqrt{x}+1)^2}{x}\mathrm{d}x &= \int \frac{x+2\sqrt{x}+1}{x}\mathrm{d}x = \int \mathrm{d}x + 2\int x^{-\frac{1}{2}}\mathrm{d}x + \int \frac{1}{x}\mathrm{d}x \\ &= x + 2\cdot\frac{x^{-\frac{1}{2}+1}}{-\frac{1}{2}+1} + \ln|x| + C \\ &= x + 4\sqrt{x} + \ln|x| + C\end{aligned}$$

例 4.8　求 $\int (2e)^{2x} dx$.

解

$$\int (2e)^{2x} dx = \int (4e^2)^x dx = \frac{(4e^2)^x}{\ln 4e^2} + C$$

$$= \frac{1}{2\ln 2 + 2}(2e)^{2x} + C$$

例 4.9　求 $\int \cot^2 x dx$.

解

$$\int \cot^2 x dx = \int (\csc^2 x - 1) dx = \int \csc^2 x dx - \int dx$$

$$= -\cot x - x + C$$

例 4.10　$\int \frac{dx}{\sin^2 x \cos^2 x}$.

解

$$\int \frac{dx}{\sin^2 x \cos^2 x} = \int \frac{\sin^2 x + \cos^2 x}{\sin^2 x \cos^2 x} dx$$

$$= \int \frac{dx}{\cos^2 x} + \int \frac{dx}{\sin^2 x} = \tan x - \cot x + C$$

例 4.11　求 $\int \frac{dx}{\sin^2 \frac{x}{2} \cos^2 \frac{x}{2}}$.

解

$$\int \frac{dx}{\sin^2 \frac{x}{2} \cos^2 \frac{x}{2}} = \int \frac{4}{\sin^2 x} dx = 4\int \csc^2 x dx = -4\cot x + C$$

例 4.12　生产某产品 x 个单位的总成本为 $C(x)$，其边际成本为 $C'(x) = 2x - \frac{5}{\sqrt{x}} + 70$，又知固定成本为 500.试求总成本函数，并求生产量为 100 个单位时的总成本.

解

$$C(x) = \int C'(x) dx = \int \left(2x - \frac{5}{\sqrt{x}} + 70\right) dx$$

$$= x^2 - 10\sqrt{x} + 70x + C$$

又因为固定成本是产量为 $x=0$ 时总成本的值，而 $C(0)=500$，所以

$$C(x) = x^2 - 10\sqrt{x} + 70x + 500$$

故 $x=100$ 个单位时的总成本为

$$C(100)=10\ 000-10\sqrt{100}+7\ 000+500=17\ 400$$

习题 4.1

1.单项选择题：

(1)下列等式中成立的是(　　).

A.$\mathrm{d}\int f(x)\mathrm{d}x=f(x)$　　B.$\frac{\mathrm{d}}{\mathrm{d}x}\int f(x)\mathrm{d}x=f(x)\mathrm{d}x$

C.$\frac{\mathrm{d}}{\mathrm{d}x}\int f(x)\mathrm{d}x=f(x)+C$　　D.$\mathrm{d}\int f(x)\mathrm{d}x=f(x)\mathrm{d}x$

(2)在区间(a,b)内，如果 $f'(x)=g'(x)$，则下列各式中一定成立的是(　　).

A. $f(x)=g(x)$　　B.$f(x)=g(x)+1$

C.$\left(\int f(x)\mathrm{d}x\right)'=\left(\int g(x)\mathrm{d}x\right)'$　　D.$\int f'(x)\mathrm{d}x=\int g'(x)\mathrm{d}x$

2.一曲线经过点$(\mathrm{e}^3,3)$，且在任一点处的切线斜率等于该点横坐标的倒数.求该曲线的方程.

3.设 $f'(\mathrm{e}^x)=1+\mathrm{e}^{2x}$，且 $f(0)=1$.求 $f(x)$.

4.计算下列不定积分：

(1)$\int(x^2+3\sqrt{x}+\ln 2x)\mathrm{d}x$　　(2)$\int\frac{x^2}{1+x^2}\mathrm{d}x$

(3)$\int\left(1-\frac{1}{x}\right)^2\mathrm{d}x$　　(4)$\int\frac{3x^2+5}{x^3}\mathrm{d}x$

(5)$\int\left(x^2+2^x+\frac{2}{x}\right)\mathrm{d}x$　　(6)$\int(a^{\frac{2}{3}}+x^{\frac{2}{3}})\mathrm{d}x$

(7)$\int\mathrm{e}^x(3-\mathrm{e}^{-x})\mathrm{d}x$　　(8)$\int\left(\frac{\sin x}{2}+\frac{1}{\sin^2 x}\right)\mathrm{d}x$

(9)$\int\frac{\cos 2x}{\cos x-\sin x}\mathrm{d}x$　　(10)$\int\frac{\sec x-\tan x}{\cos x}\mathrm{d}x$

(11)$\int\mathrm{e}^{x+2}\mathrm{d}x$　　(12)$\int 3^{2x}\mathrm{e}^x\mathrm{d}x$

5.一物体由静止开始运动，经 ts 后的速度为 $3t^2$ m/s.问：

(1)在 3 s 后物体离开出发点的距离是多少？

(2)物体走完 360 m 需要多少时间？

6.设生产 x 单位某产品的总成本 C 是 x 的函数 $C(x)$，固定成本 $C(0)=20$ 元，边际成本函数 $C'(x)=2x+10$（元/单位）.求总成本函数 $C(x)$.

4.2　换元积分法

利用基本积分公式所能计算的不定积分十分有限，为了对更广泛的一些函数求不定积分，本节介绍换元积分法.换元积分法又分为两类：第一类换元法与第二类换元法.

4.2.1　第一类换元法（凑微分法）

引例　求 $\int\sin(\omega x+\varphi)\mathrm{d}x$.

由于基本公式 $\int\sin x\mathrm{d}x=-\cos x+C$ 应用公式时必须注意被积函数的自变量与积分变量要完全相同，而本例中的被积函数 $\sin(\omega x+\varphi)$ 是由 $y=\sin u$，$u=\omega x+\varphi$ 复合而成的复合函数，被积函数的自变量 $\omega x+\varphi$ 与积分变量 x 不完全相同，因此基本积分公式无法使用.但根据本章 4.1 节可知，积分微元 $\mathrm{d}x$ 本身具有微分的意义.若利用微分公式可改写积分变量使其与被积函数中的自变量完全相同，就可利用基本公式将原函数求出.

将积分微元 $\mathrm{d}x$ 改写为 $\frac{1}{\omega}\mathrm{d}(\omega x+\varphi)$，并令新变量 $u=\omega x+\varphi$，则

$$\begin{aligned}\int\sin(\omega x+\varphi)\mathrm{d}x&=\frac{1}{\omega}\int\sin(\omega x+\varphi)\mathrm{d}(\omega x+\varphi) &&\text{（凑微分）}\\&=\frac{1}{\omega}\int\sin u\mathrm{d}u &&\text{（换元）}\\&=-\frac{1}{\omega}\cos u+C &&\text{（按基本公式积出）}\\&=-\frac{1}{\omega}\cos(\omega x+\varphi)+C &&\text{（还原）}\end{aligned}$$

通常情况下，若要求的不定积分 $\int f(x)\mathrm{d}x$ 的被积表达式 $f(x)\mathrm{d}x$ 能凑成 $F'(\varphi(x))\varphi'(x)\mathrm{d}x$ 的形式，那么 $F[\varphi(x)]$ 就是 $F'[\varphi(x)]\varphi'(x)$ 的原函数.于是有第一类换元法

$$\begin{aligned}\int f(x)\mathrm{d}x &= \int F'[\varphi(x)]\varphi'(x)\mathrm{d}x \\ &= \int F'[\varphi(x)]\mathrm{d}\varphi(x) \\ &= \int \mathrm{d}F[\varphi(x)] \\ &= F[\varphi(x)] + C \end{aligned} \tag{4.3}$$

例 4.13　求 $\int (1-2)^{100}\mathrm{d}x$.

解　由于基本积分公式中有 $\int x^{\mu}\mathrm{d}x = \frac{x^{\mu=1}}{\mu+1} + C(\mu \neq -1)$，因此，如果本题被积表达式中的 $\mathrm{d}x$ 是 $\mathrm{d}(1-2x)$，则可以按此公式积出.

于是 令 $u=1-2x$，$\mathrm{d}u=(1-2x)\mathrm{d}x=-2\mathrm{d}x$，即

$$\mathrm{d}x = -\frac{1}{2}\mathrm{d}(1-2x)$$

$$\begin{aligned}\int (1-2x)^{100}\mathrm{d}x &= -\frac{1}{2}\int (1-2x)^{100}\mathrm{d}(1-2x) = -\frac{1}{2}\int u^{100}\mathrm{d}u \\ &= -\frac{1}{2} \times \frac{u^{100+1}}{100+1} + C = -\frac{1}{202}(1-2x)^{101} + C\end{aligned}$$

例 4.14　求 $\int 2^{2x}\mathrm{d}x$.

解　对指数函数，基本积分公式是 $\int a^{x}\mathrm{d}x = \frac{a^{x}}{\ln a} + C$，所以将积分微元 $\mathrm{d}x$ 凑成 $\mathrm{d}x = \frac{1}{2}\mathrm{d}(2x)$，则

$$\int 2^{2x}\mathrm{d}x = \frac{1}{2}\int 2^{2x}\mathrm{d}(2x) = \frac{1}{2} \times \frac{2^{2x}}{\ln 2} + C$$

例 4.15　求 $\int \frac{\mathrm{d}x}{a^{2}+x^{2}}\ (a \neq 0)$.

解 $$\int\frac{\mathrm{d}x}{a^2+x^2}=\frac{1}{a^2}\int\frac{\mathrm{d}x}{1+\left(\frac{x}{a}\right)^2}$$

$$=\frac{1}{a}\int\frac{\mathrm{d}\frac{x}{a}}{1+\left(\frac{x}{a}\right)^2}=\frac{1}{a}\arctan\frac{x}{a}+C$$

实际上在例 4.15 中已经用了变量代换 $u=\frac{x}{a}$，并在求出积分 $\frac{1}{a}\int\frac{\mathrm{d}u}{1+u^2}$ 之后，代回了原积分变量 x，只是没有把这个步骤写出来而已.事实上，在第一类换元积分法中，都可不引入新变量，而将被积表达式直接凑成可积分的形式后按基本公式积出就可以了.只要注意到 $\int f(\quad)\mathrm{d}(\quad)=F(\quad)+C$ 中 3 个圆括弧中的内容一致就行.

例 4.16　求 $\int\frac{\mathrm{d}x}{a^2-x^2}$.

解
$$\int\frac{\mathrm{d}x}{a^2-x^2}=\frac{1}{2}\int\left(\frac{1}{a-x}+\frac{1}{a+x}\right)\mathrm{d}x$$

$$=\frac{1}{2}\int\frac{\mathrm{d}x}{a-x}+\frac{1}{2}\int\frac{\mathrm{d}x}{a+x}$$

$$=-\frac{1}{2}\int\frac{\mathrm{d}(a-x)}{a-x}+\frac{1}{2}\int\frac{\mathrm{d}(a+x)}{a+x}$$

$$=-\frac{1}{2}\ln|a-x|+\frac{1}{2}\ln|a+x|+C$$

$$=\frac{1}{2}\ln\left|\frac{a+x}{a-x}\right|+C$$

例 4.17　求 $\int\frac{\mathrm{d}x}{\sqrt{a^2-x^2}}(a>0)$.

解 $$\int\frac{\mathrm{d}x}{\sqrt{a^2-x^2}}=\int\frac{\mathrm{d}x}{a\sqrt{1-\left(\frac{x}{a}\right)^2}}=\int\frac{\mathrm{d}\left(\frac{x}{a}\right)}{\sqrt{1-\left(\frac{x}{a}\right)^2}}$$

$$=\arcsin\left(\frac{x}{a}\right)+C$$

例 4.18 求 $\int\tan x\,\mathrm{d}x$.

解 $$\int\tan x\,\mathrm{d}x=\int\frac{\sin x}{\cos x}\mathrm{d}x=-\int\frac{\mathrm{d}\cos x}{\cos x}=-\ln|\cos x|+C$$

类似地,可得

$$\int\cot x\,\mathrm{d}x=\ln|\sin x|+C$$

例 4.19 求 $\int\csc x\,\mathrm{d}x$.

解 1 $$\int\csc x\,\mathrm{d}x=\int\frac{\mathrm{d}x}{\sin x}=\int\frac{\mathrm{d}x}{2\sin\frac{x}{2}\cos\frac{x}{2}}=\int\frac{\mathrm{d}x}{2\tan\frac{x}{2}\cos^2\frac{x}{2}}$$

$$=\frac{1}{2}\int\frac{\sec^2\frac{x}{2}}{\tan\frac{x}{2}}\mathrm{d}x=\int\frac{\mathrm{d}\tan\frac{x}{2}}{\tan\frac{x}{2}}=\ln\left|\tan\frac{x}{2}\right|+C$$

注意,其中 $\mathrm{d}\tan\frac{x}{2}=\sec^2\frac{x}{2}\cdot\frac{1}{2}\mathrm{d}x$.

解 2 $$\int\csc x\,\mathrm{d}x=\int\frac{\sin x}{\sin^2 x}\mathrm{d}x=-\int\frac{\mathrm{d}\cos x}{1-\cos^2 x}\quad\text{(由例 4.16 的结果)}$$

$$=-\frac{1}{2}\ln\left|\frac{1+\cos x}{1-\cos x}\right|+C$$

$$=\frac{1}{2}\ln\left|\frac{1-\cos x}{1+\cos x}\right|+C=\frac{1}{2}\ln\left|\frac{1-\cos x}{\sin x}\right|^2+C$$

$$=\ln|\csc x-\cot x|+C$$

利用 $\cos x=\sin\left(x+\frac{\pi}{2}\right)$,可知

$$\int\sec x\,\mathrm{d}x=\ln\left|\cot\frac{x}{2}\right|+C$$

或

$$\int\sec x\,\mathrm{d}x=\ln|\sec x+\tan x|+C$$

例 4.20　求 $\int x^2 e^{x^3} dx$.

解

$$\int x^2 e^{x^3} dx = \int e^{x^3} d\frac{x^3}{3} = \frac{1}{3}e^{x^3} + C$$

例 4.21　求 $\int \frac{x}{\sqrt{a^2 - x^2}} dx$.

解

$$\begin{aligned}\int \frac{x}{\sqrt{a^2 - x^2}} dx &= -\frac{1}{2}\int \frac{d(a^2 - x^2)}{\sqrt{a^2 - x^2}} \\ &= -\frac{1}{2}\int (a^2 - x^2)^{-\frac{1}{2}} d(a^2 - x^2) \\ &= -\sqrt{a^2 - x^2} + C\end{aligned}$$

总的来说,第一类换元法是一种非常有意义的积分法.它需要我们首先熟悉基本的积分公式,然后针对具体的被积函数,选准某个基本积分公式,通过凑微分求出原函数后加上不定常数.

例 4.22　求 $\int \frac{\sqrt{1 + \ln x}}{x} dx$.

解

$$\begin{aligned}\int \frac{\sqrt{1 + \ln x}}{x} dx &= \int \sqrt{1 + \ln x}\, d(1 + \ln x) \\ &= \frac{2}{3}(1 + \ln x)^{\frac{3}{2}} + C\end{aligned}$$

例 4.23　求 $\int \sin^3 x dx$.

解

$$\begin{aligned}\int \sec^3 x\ dx &= \int \sin^2 x\ \sin x\ dx \\ &= -\int (1 - \cos^2 x) d\cos x \\ &= -\cos x + \frac{1}{3}\cos^3 x + C\end{aligned}$$

例 4.24　求 $\int \sec^6 x dx$.

解

$$\int \sec^6 x\ dx = \int (\sec^2 x)^2 \sec^2 x\ dx$$

$$=\int(\tan^2 x+1)\mathrm{d}\tan x$$

$$=\int(\tan^4 x+2\tan^2 x+1)\mathrm{d}\tan x$$

$$=\frac{1}{5}\tan^5 x+\frac{2}{3}\tan^3 x+\tan x+C$$

例 4.25　求 $\int\sin x\cos 2x\mathrm{d}x$.

解

$$\int\sin x\cos 2x\mathrm{d}x=\frac{1}{2}\int[\sin 3x+\sin(-x)]\mathrm{d}x$$

$$=\frac{1}{2}\int\sin 3x\mathrm{d}x-\frac{1}{2}\int\sin x\mathrm{d}x$$

$$=-\frac{1}{6}\cos 3x+\frac{1}{2}\cos x+C$$

例 4.26　求 $\int\frac{\mathrm{d}x}{x^2+x+1}$.

解

$$\int\frac{\mathrm{d}x}{x^2+x+1}=\int\frac{\mathrm{d}x}{\left(x+\frac{1}{2}\right)+\frac{3}{4}}=\int\frac{\mathrm{d}\left(x+\frac{1}{2}\right)}{\left(x+\frac{1}{2}\right)^2+\frac{3}{4}}$$

$$=\frac{1}{\frac{\sqrt{3}}{2}}\arctan\frac{x+\frac{1}{2}}{\frac{\sqrt{3}}{2}}+C=\frac{2}{\sqrt{3}}\arctan\frac{2x+1}{\sqrt{3}}+C$$

4.2.2　第二类换元法

第一类换元法是对被积函数表达式作变动，使原来的积分凑成 $\int f[\varphi(x)]\cdot\varphi'(x)\mathrm{d}x$ 的形式，然后将其中的 $\varphi(x)$ 看作新变量 u，即 $u=\varphi(x)$，从而转化成基本积分表中有的公式 $\int f(u)\mathrm{d}u$ 积出.计算过程中的变量 u 可不写出.

但是有的积分不能用第一类换元法积出，这是因为其被积表达式不能凑成 $\int f[\varphi(x)]\varphi'(x)\mathrm{d}x$ 的形式.此时令积分变量 $x=\varphi(t)$，则 $\mathrm{d}x=\varphi'(t)\mathrm{d}t$.

如果 $f[\varphi(t)]\varphi'(t)$ 的原函数 $F(t)$ 存在，则

$$\int f(x)\mathrm{d}x=\int f[\varphi(t)]\varphi'(t)\mathrm{d}t=F(t)+C=F[\varphi^{-1}(x)]+C \tag{4.4}$$

显然，要式(4.4)成立需要满足 $x=\varphi(t)$ 单调、可导，且 $\varphi'(t)\neq 0$，$f[\varphi(t)]\varphi'(t)$ 的原函数 $F(t)$ 存在(证明略).其中，$t=\varphi^{-1}(x)$ 为 $x=\varphi(t)$ 的反函数.

第二类换元法最典型的代换有以下 3 种：

(1)三角代换

当被积函数中出现$\sqrt{a^2-x^2}$，$\sqrt{x^2-a^2}$，$\sqrt{a^2+x^2}$时，常采用三角代换消去根式，然后用基本积分公式或凑微分法积出.

例 4.27　求$\int\sqrt{a^2-x^2}\,\mathrm{d}x$ $(a>0)$.

解　令 $x=a\sin t$ $\left(t\in\left[-\frac{\pi}{2},\frac{\pi}{2}\right]\right)$，则

$$t=\arcsin\frac{x}{a}$$

$$\mathrm{d}x=a\cos t\,\mathrm{d}t$$

因此

$$\begin{aligned}\int\sqrt{a^2-x^2}\,\mathrm{d}x&=\int\sqrt{a^2-a^2\sin^2 t}\cdot a\cot t\,\mathrm{d}t=\int a^2\cos^2 t\,\mathrm{d}t\\&=a^2\int\frac{1+\cos 2t}{2}\mathrm{d}t=\frac{a^2}{2}t+\frac{a^2}{4}\sin 2t+C\\&=\frac{a^2}{2}(t+\sin t\cos t)+C\end{aligned}$$

为了将 t 还原为 x 的函数，作辅助直角三角形如图 4.2 所示.

由边角关系，得 $\sin t=\frac{x}{a}$，$\cos t=\frac{\sqrt{a^2-x^2}}{a}$，所以

$$\begin{aligned}\int\sqrt{a^2-x^2}\,\mathrm{d}x&=\frac{a^2}{2}\left(\arcsin\frac{x}{a}+\frac{x}{a}\,\frac{\sqrt{a^2-x^2}}{a}\right)+C\\&=\frac{a^2}{2}\arcsin\frac{x}{a}+\frac{x}{2}\sqrt{a^2-x^2}+C\end{aligned}$$

例 4.28 求$\int \frac{\mathrm{d}x}{\sqrt{x^2-a^2}}\ (a>0)$.

解 令$x=a\sec t\left(t\in\left(0,\frac{\pi}{2}\right)\right)$,则

$$\sec t=\frac{x}{a}$$

$$\mathrm{d}x=a\sec t\tan t\mathrm{d}t$$

所以

$$\int \frac{\mathrm{d}x}{\sqrt{x^2-a^2}}=\int \frac{a\sec t\tan t}{\sqrt{a^2\sec^2 t-a^2}}\mathrm{d}t=\int \frac{a\sec t\tan t}{a\tan t}\mathrm{d}t=\int \sec t\mathrm{d}t$$

$$=\ln|\sec t+\tan t|+C_1$$

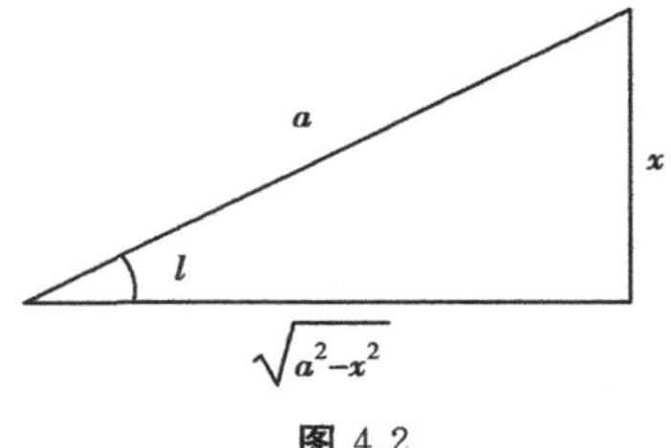

图 4.2

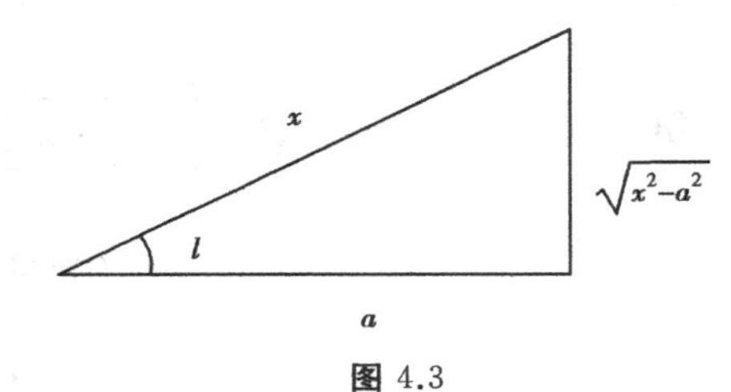

图 4.3

作直角三角形如图 4.3 所示,得$\sec t=\frac{x}{a}$,$\tan t=\frac{\sqrt{x^2-a^2}}{a}$,故

$$\int \frac{\mathrm{d}x}{\sqrt{x^2-a^2}}=\ln\left|\frac{x}{a}+\frac{x^2-a^2}{a}\right|+C_1$$

$$=\ln\left|x+\sqrt{x^2-a^2}\right|-\ln a+C_1$$

$$=\ln\left|x+\sqrt{x^2-a^2}\right|+C$$

其中,$C=C_1-\ln a$.

例 4.29 求$\int \frac{\mathrm{d}x}{\sqrt{x^2+a^2}}\ (a>0)$.

解 设$x=a\tan t\left(t\in\left(0,\frac{\pi}{2}\right)\right)$,则$\mathrm{d}x=a\sec^2 t\mathrm{d}t$,故

$$\int \frac{\mathrm{d}x}{\sqrt{x^2+a^2}}=\int \frac{a\sec^2 t}{\sqrt{a^2\tan^2 t+a^2}}\mathrm{d}t=\int \frac{a\sec^2 t}{a\sec t}\mathrm{d}t=\int \sec t\mathrm{d}t$$

$$=\ln|\sec t+\tan t|+C_1$$

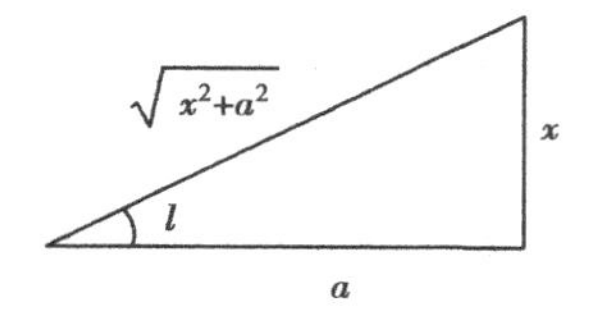

图 4.4

作直角三角形如图 4.4 所示，$\tan t=\dfrac{x}{a}$，$\sec t=$

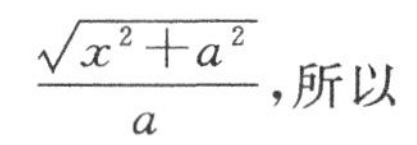

$\dfrac{\sqrt{x^2+a^2}}{a}$，所以

$$\int\frac{\mathrm{d}x}{\sqrt{x^2+a^2}}=\ln\left|\frac{\sqrt{x^2+a^2}}{a}+\frac{x}{a}\right|+C_1$$

$$=\ln\left|x+\sqrt{x^2+a^2}\right|-\ln a+C_1$$

$$=\ln\left|x+\sqrt{x^2+a^2}\right|+C$$

(2)根式代换

例 4.30　求$\int x\sqrt{2x-1}\,\mathrm{d}x$.

解　为了去掉根号，令$\sqrt{2x-1}=t$，则 $x=\dfrac{1}{2}(t^2+1)$，$\mathrm{d}x=t\,\mathrm{d}t$，所以

$$\int x\sqrt{2x-1}\,\mathrm{d}x=\int\frac{1}{2}(t^2+1)t^2\,\mathrm{d}t=\frac{1}{2}\int(t^4+t^2)\,\mathrm{d}t$$

$$=\frac{1}{10}t^5+\frac{1}{6}t^3+C$$

$$=\frac{1}{10}\sqrt{(2x-1)^5}+\frac{1}{6}\sqrt{(2x-1)^3}+C$$

例 4.31　求$\int\dfrac{\mathrm{d}x}{\sqrt{1-2x}+\sqrt[4]{1-2x}}$.

解　为了同时去掉被积函数中的两个根式，令 $t=\sqrt[4]{1-2x}$，则 $x=\dfrac{1}{2}(1-t^4)$，$\mathrm{d}x=-2t^3\,\mathrm{d}t$，所以

$$\int\frac{\mathrm{d}x}{\sqrt{1-2x}+\sqrt[4]{1-2x}}=\int\frac{-2t^3}{t^2+t}\mathrm{d}t$$

$$=-2\int\left(t-1+\frac{1}{t+1}\right)\mathrm{d}t$$

$$=-t^2+2t-2\ln|t+1|+C$$

$$=-\sqrt{1-2x}+2\sqrt[4]{1-2x}-2\ln\left|\sqrt[4]{1-2x}+1\right|+C$$

例 4.32　求$\int \frac{\mathrm{d}x}{\sqrt{\mathrm{e}^{2x}-1}}$.

解　令$\sqrt{\mathrm{e}^{2x}-1}=u$,则

$$\mathrm{e}^{2x}=u^2+1, 2x=\ln(u^2+1)$$

$$2\mathrm{d}x=\frac{2u}{u^2+1}\mathrm{d}u$$

$$\mathrm{d}x=\frac{u}{u^2+1}\mathrm{d}u$$

所以

$$\int \frac{\mathrm{d}x}{\sqrt{\mathrm{e}^{2x}-1}}=\int \frac{1}{u}\frac{u}{u^2+1}\mathrm{d}u=\int \frac{\mathrm{d}u}{u^2+1}=\arctan u+C$$

$$=\arctan\sqrt{\mathrm{e}^{2x}-1}+C$$

(3)倒代换

例 4.33　求$\int \frac{\mathrm{d}x}{x^2\sqrt{x^2+a^2}}$.

解　令$x=\frac{1}{t}, \mathrm{d}x=-\frac{1}{t^2}\mathrm{d}t$,则

$$\int \frac{\mathrm{d}x}{x^2\sqrt{x^2+a^2}}=\int \frac{t^2\left(-\frac{1}{t^2}\right)}{\sqrt{\frac{1}{t^2}+a^2}}\mathrm{d}t=-\int \frac{t}{\sqrt{1+a^2t^2}}\mathrm{d}t=-\frac{1}{2a^2}\int \frac{\mathrm{d}(1+a^2t^2)}{\sqrt{1+a^2t^2}}$$

$$=-\frac{1}{a^2}\sqrt{1+a^2t^2}+C=-\frac{1}{a^2}\frac{\sqrt{x^2+a^2}}{x}+C$$

例 4.34　求$\int \frac{\mathrm{d}x}{x(x^6+4)}$.

解　设$x=\frac{1}{t}, \mathrm{d}x=-\frac{1}{t^1}\mathrm{d}x$,则

$$\int \frac{\mathrm{d}x}{x(x^6+4)}=\int \frac{t\cdot\left(-\frac{1}{t^2}\right)}{\frac{1}{t^2}+4}\mathrm{d}x=-\int \frac{t^5}{1+4t^6}\mathrm{d}t$$

$$=-\frac{1}{24}\int\frac{\mathrm{d}(1+4t^6)}{1+4t^6}=-\frac{1}{24}\ln|1+4t^6|+C$$

$$=-\frac{1}{24}\ln\left|1+\frac{4}{x^6}\right|+C$$

当然第二类换元法并不局限于上述几种基本代换,解题时还应根据所给被积函数选择适当的变量代换,转化为便于积分的形式.

例 4.35　求 $\int\frac{x+1}{x^2+x\ln x}\mathrm{d}x$.

解　令 $u=\ln x$,则 $x=\mathrm{e}^u$,$\mathrm{d}x=\mathrm{e}^u\mathrm{d}u$.

$$\int\frac{x+1}{x^2+x\ln x}\mathrm{d}x=\int\frac{\mathrm{e}^u+1}{\mathrm{e}^{2u}+\mathrm{e}^u u}\cdot\mathrm{e}^u\mathrm{d}u=\int\frac{\mathrm{e}^u+1}{\mathrm{e}^u+u}\mathrm{d}u$$

$$=\int\frac{\mathrm{d}(\mathrm{e}^u+u)}{\mathrm{e}^u+u}=\ln|\mathrm{e}^u+u|+C$$

$$=\ln|x+\ln x|+C$$

本节一些例题的结果可作为补充的积分公式,接着前面积分表的序号将它们列于下面,便于今后使用.

⑭ $\int\tan x\,\mathrm{d}x=-\ln|\cos x|+C$

⑮ $\int\cot x\,\mathrm{d}x=\ln|\sin x|+C$

⑯ $\int\sec x\,\mathrm{d}x=\ln|\sec x+\tan x|+C$

⑰ $\int\csc x\,\mathrm{d}x=\ln|\csc x-\cot x|+C$

⑱ $\int\frac{\mathrm{d}x}{a^2+x^2}=\frac{1}{a}\arctan\frac{x}{a}+C$

⑲ $\int\frac{\mathrm{d}x}{a^2-x^2}=\frac{1}{2a}\ln\left|\frac{a+x}{a-x}\right|+C$

⑳ $\int\frac{\mathrm{d}x}{\sqrt{a^2-x^2}}=\arcsin\frac{x}{a}+C$

㉑ $\int\frac{\mathrm{d}x}{\sqrt{x^2+a^2}}=\ln|x+\sqrt{x^2+a^2}|+C$

㉒ $\int \frac{dx}{\sqrt{x^2-a^2}}=\ln\left|x+\sqrt{x^2-a^2}\right|+C$

习题 4.2

1.请在下列括号中填写正确的内容：

(1) $dx=(\quad)d(ax)$

(2) $dx=(\quad)d(2-3x)$

(3) $x\,dx=(\quad)d(2x^2-1)$

(4) $\frac{1}{x^2}dx=d(\quad)$

(5) $e^{-x}dx=(\quad)d(e^{-x})$

(6) $xe^{x^2}dx=e^{x^2}d(\quad)=(\quad)d(e^{x^2})$

(7) $\sin 2x\,dx=(\quad)d(\cos 2x)$

(8) $\cos\frac{x}{2}dx=(\quad)d\left(\sin\frac{x}{2}\right)$

(9) $\frac{1}{x}dx=d(\quad)$

(10) $\frac{\ln x}{x}dx=\ln x\,d(\quad)=d(\quad)$

(11) $\frac{1}{\sqrt{x}}dx=d(\quad)$

(12) $\frac{1}{\sqrt{2-3x}}dx=(\quad)d\sqrt{2-3x}$

(13) $\frac{1}{2-3x}dx=(\quad)d[\ln(2-3x)]$

(14) $\frac{1}{\sqrt{4-x^2}}dx=(\quad)d\left(\arcsin\frac{x}{2}\right)$

(15) $\frac{1}{4+x^2}dx=(\quad)d\left(\arctan\frac{x}{2}\right)$

(16) $\sec^2 x\,dx=d(\quad)$

2.用第一类换元积分法求下列不定积分：

(1) $\int \sin 3x\,dx$

(2) $\int \sqrt{1-2x}\,dx$

(3) $\int \frac{1}{1+x}dx$

(4) $\int \frac{\arctan x}{1+x^2}dx$

(5) $\int (1-3x)^9dx$

(6) $\int \frac{1}{\sqrt{1-x^2}\arcsin x}dx$

(7) $\int \frac{x^2}{1+x^3}dx$

(8) $\int \frac{1}{(1-x)^2}dx$

(9) $\int \frac{e^{2x}}{1+e^{2x}}dx$

(10) $\int \frac{1}{\sqrt{9-4x^2}}dx$

(11) $\int \frac{1}{1+\cos x} dx$　　(12) $\int x e^{-x^2} dx$

(13) $\int \frac{\sin x}{1+\cos x} dx$　　(14) $\int \frac{1}{x^2} \cos \frac{1}{x} dx$

(15) $\int \frac{x+2}{x^2+3x+4} dx$　　(16) $\int \frac{x-1}{\sqrt{1-2x-x^2}} dx$

3.用第二类换元积分法求下列不定积分：

(1) $\int \frac{\sqrt{x}}{1+x} dx$　　(2) $\int \frac{x^2}{\sqrt[3]{2-x}} dx$

(3) $\int \frac{\sqrt{1-x^2}}{x} dx$　　(4) $\int \frac{x^2}{\sqrt{25-4x^2}} dx$

(5) $\int \frac{1}{x^2\sqrt{1+x^2}} dx$　　(6) $\int \frac{1}{\sqrt{x^2-1}} dx$

(7) $\int \frac{1}{(x^2+4)^{\frac{3}{2}}} dx$　　(8) $\int \sqrt{1-2x-x^2} dx$

(9) $\int \frac{x}{(3-x)^7} dx$　　(10) $\int \frac{1}{\sqrt{1+2x^2}} dx$

4.3　分部积分法

前面介绍的换元积分法对应微分学中的复合函数微分公式.但换元积分法对有些函数的不定积分是不能奏效的.如 $\int e^x \sin x dx$，$\int x^2 \arctan x dx$ 等，甚至连 $\int \ln x dx$ 这样的基本初等函数的积分，换元积分法都无能为力.所以还需要介绍另一种重要的积分方法——分部积分法.

分部积分法对应微分学中两个函数乘积的微分公式.

设函数 $u(x)$，$v(x)$ 对 x 具有连续导数，则

$$(uv)' = u'v + uv'$$

移项，得

$$uv' = (uv)' - u'v$$

对上式两端关于 x 作不定积分，得

$$\int uv'\mathrm{d}x = \int (uv)'\mathrm{d}x - \int u'v\mathrm{d}x$$

即

$$\int u\mathrm{d}v = uv - \int v\mathrm{d}u \tag{4.5}$$

式(4.5) 称为分部积分公式.它可将不太好积的$\int u\mathrm{d}v$ 的积分转化为比较好积的$\int v\mathrm{d}u$ 的积分.

下面通过例题来说明如何运用这个公式.

一般地讲，运用分部积分公式时可分为以下 3 种情况：

①对形如 $\int x^n\mathrm{e}^x\mathrm{d}x$，$\int x^n\sin x\mathrm{d}x$，$\int x^n\cos x\mathrm{d}x$ 的积分，即将积函数是幂函数与指数函数相乘，或幂函数与三角函数相乘时，选幂函数为 u，剩下部分为 $\mathrm{d}v$.

例 4.36　求 $\int x\cos x\mathrm{d}x$.

解　设 $u=x$，$\cos x\mathrm{d}x=\mathrm{d}\sin x=\mathrm{d}v$，所以 $v=\sin x$.则

$$\int x\cos\mathrm{d}x = \int x\mathrm{d}\sin x = x\sin x - \int \sin x\mathrm{d}x = x\sin x + \cos x + C$$

例 4.37　求$\int x^2\mathrm{e}^x\mathrm{d}x$.

解　设 $u=x^2$，$\mathrm{e}^x\mathrm{d}x=\mathrm{d}\mathrm{e}^x=\mathrm{d}v$，则

$$\int x^2\mathrm{e}^x\mathrm{d}x = \int x^2\mathrm{d}\mathrm{e}^x = x^2\mathrm{e}^x - 2\int \mathrm{e}^x\cdot x\mathrm{d}x$$

对$\int x\mathrm{e}^x\mathrm{d}x$ 再作一次分部分，则

$$\begin{aligned}\int x^2\mathrm{e}^x\mathrm{d}x &= x^2\mathrm{e}^x - 2\int x\mathrm{d}\mathrm{e}^x = x^2\mathrm{e}^x - 2x\mathrm{e}^x + 2\int \mathrm{e}^x\mathrm{d}x \\ &= x^2\mathrm{e}^x - 2x\mathrm{e}^x + 2\mathrm{e}^x + C\end{aligned}$$

当对式(4.5)已经掌握的情况下,则不再写出 u,$\mathrm{d}v$,而直接写成$\int u\,\mathrm{d}v$ 的形式积出即可.

②对形如$\int \mathrm{e}^{\alpha x}\cdot\sin\beta x\,\mathrm{d}x$ 和$\int \mathrm{e}^{\alpha x}\cdot\cos\beta x\,\mathrm{d}x$ 的积分,u,v 可任选,但习惯上选择三角函数为 u.

例 4.38　$\int \mathrm{e}^x\sin x\,\mathrm{d}x$.

解　
$$\begin{aligned}\int \mathrm{e}^x\sin x\,\mathrm{d}x &= \int \sin x\,\mathrm{d}\mathrm{e}^x = \mathrm{e}^x\sin x - \int \mathrm{e}^x\,\mathrm{d}\sin x\\ &= \mathrm{e}^x\sin x - \int \mathrm{e}^x\cos x\,\mathrm{d}x\\ &= \mathrm{e}^x\sin x - \int \cos x\,\mathrm{d}\mathrm{e}x\\ &= \mathrm{e}^x\sin x - \mathrm{e}^x\cos x + \int \mathrm{e}^x\,\mathrm{d}\cos x\\ &= \mathrm{e}^x\sin x - \mathrm{e}^x\cos x - \int \mathrm{e}^x\sin x\,\mathrm{d}x\end{aligned}$$

由于上式右端的积分中$\int \mathrm{e}^x\sin x\,\mathrm{d}x$ 与所求的积分相同,把它移到右边去,再两端同除以 2,得

$$\int \mathrm{e}^x\sin x\,\mathrm{d}x = \frac{\mathrm{e}^x}{2}(\sin x - \cos x) + C$$

通过例 4.38 的讨论可知:

①多次使用分部积分法时,每次要选同一类函数为 u,剩下部分作为 $\mathrm{d}v$,否则积不出.

②分部积分过程中,有可能出现与被积函数形式相同的部分,只要通过移项合并化简,就可以求出不定积分.

例 4.39　$\int \mathrm{e}^x\cos 2x\,\mathrm{d}x$.

解　
$$\begin{aligned}\int \mathrm{e}^x\cos 2x\,\mathrm{d}x &= \int \cos 2x\,\mathrm{d}\mathrm{e}^x = \mathrm{e}^x\cos 2x + 2\int \mathrm{e}^x\sin 2x\,\mathrm{d}x\\ &= \mathrm{e}^x\cos 2x + 2\int \sin 2x\,\mathrm{d}\mathrm{e}^x\end{aligned}$$

$$=e^x\cos 2x+2\sin 2x\cdot e^x-4\int e^x\cos 2x\,dx$$

所以

$$5\int e^x\cos 2x\,dx=e^x(\cos 2x+2\sin 2x)+C_1$$

$$\int e^x\cos 2x\,dx=\frac{e^x}{5}(\cos 2x+2\sin 2x)+C$$

③对形如 $\int x^n\ln x\,dx$，$\int x^n\arcsin x\,dx$，$\int x^n\arctan x\,dx$，选函数 $\ln x$，$\arcsin x$ 或 $\arctan x$ 为 u，剩下的为 dv.

例 4.40 求 $\int\ln x\,dx$.

解 $$\int\ln x\,dx=x\ln x-\int x\,d(\ln x)=x\ln x-\int dx$$
$$=x\ln x-x+C$$

例 4.41 求 $\int x\arctan x\,dx$.

解 $$\int x\arctan x\,dx=\int\arctan x\,d\frac{x^2}{2}=\frac{x^2}{2}\arctan x-\frac{1}{2}\int x^2\,d(\arctan x)$$
$$=\frac{x^2}{2}\arctan x-\frac{1}{2}\int x^2\cdot\frac{1}{1+x^2}dx$$
$$=\frac{x^2}{2}\arctan x-\frac{1}{2}\int\frac{1+x^2-1}{1+x^2}dx$$
$$=\frac{1}{2}x^2\arctan x-\frac{1}{2}(x-\arctan x)+C$$
$$=\frac{1}{2}(x^2+1)\arctan x-\frac{1}{2}x+C$$

例 4.42 求 $\int\arccos x\,dx$.

解 $$\int\arccos x\,dx=x\arccos x-\int x\,d\arccos x$$
$$=x\arccos x+\int\frac{x}{\sqrt{1-x^2}}dx$$

$$=x\ \arccos x-\frac{1}{2}\int(1-x^2)^{-\frac{1}{2}}\mathrm{d}(1-x^2)$$

$$=x\ \arccos x-\sqrt{1-x^2}+C$$

例 4.43　求$\int\sec^3 x\,\mathrm{d}x$.

解　$\int\sec^3 x\,\mathrm{d}x=\int\sec x\,\mathrm{d}\tan x=\sec x\tan x-\int\tan x\,\mathrm{d}\sec x$

$$=\sec x\tan x-\int\sec x-\tan^2 x\,\mathrm{d}x$$

$$=\sec x\tan x-\int\sec x(\sec^2 x-1)\mathrm{d}x$$

$$=\sec x\tan x-\int\sec^3 x\,\mathrm{d}x+\int\sec x\,\mathrm{d}x$$

$$=\sec x\tan x+\ln|\sec x+\tan x|-\int\sec^3 x\,\mathrm{d}x$$

移项得

$$\int\sec^3 x\,\mathrm{d}x=\frac{1}{2}(\sec x\ \tan x+\ln|\sec x+\tan x|)+C$$

有的积分需要综合使用分部积分法和换元积分法才能积出.

例 4.44　求$\int e^{\sqrt[3]{x}}\,\mathrm{d}x$.

解　令$\sqrt[3]{x}=t$，$x=t^3$，$\mathrm{d}x=3t^2\mathrm{d}t$，则

$$\int e^{\sqrt[3]{x}}\mathrm{d}x=3\int e^t t^2\mathrm{d}t=3\int t^2\mathrm{d}e^t=3t^2e^t-6\int e^t\cdot t\,\mathrm{d}t$$

$$=3t^2e^t-6\int t\,\mathrm{d}e^t=3t^2e^t-6t\cdot e^t+6\int e^t\mathrm{d}t$$

$$=3t^2e^t-6te^t+6e^t+C$$

$$=e^{\sqrt[3]{x}}(3\sqrt[3]{x^2}-6\sqrt[3]{x}+6)+C$$

抽象函数及其导数的积分也常用分部积分法积出.

例 4.45　已知$\frac{\sin x}{x}$是$f(x)$的一个原函数.求$\int xf'(x)\mathrm{d}x$.

解　由题意$f(x)=\left(\frac{\sin x}{x}\right)'=\frac{x\cos x-\sin x}{x^2}$，所以

$$\int xf'(x)\mathrm{d}x=\int x\mathrm{d}f(x)=xf(x)-\int f(x)\mathrm{d}x$$

$$=\cos x-\frac{\sin x}{x}-\frac{\sin x}{x}+C$$

$$=\cos x-\frac{2\sin x}{x}+C$$

本章前面3节已介绍了求不定积分的基本方法，运用这些方法可求出很多初等函数的不定积分.但是，并不是所有的初等函数的原函数都可用初等函数表示.例如，$\frac{\sin x}{x}$，$\sin x^2$，e^{-x^2}，$\frac{x}{\ln x}$等，它们的原函数都不能用初等函数的形式表示.

习题 4.3

用分部积分计算下列不定积分：

(1) $\int x\mathrm{e}^{-x}\mathrm{d}x$　　(2) $\int x^2\ln x\mathrm{d}x$

(3) $\int \arcsin x\mathrm{d}x$　　(4) $\int x\sin 2x\mathrm{d}x$

(5) $\int (x-1)5^x\mathrm{d}x$　　(6) $\int \mathrm{e}^x\cos x\mathrm{d}x$

(7) $\int \sin(\ln x)\mathrm{d}x$　　(8) $\int \arctan\sqrt{x}\mathrm{d}x$

(9) $\int \frac{\arctan \mathrm{e}^x}{\mathrm{e}^x}\mathrm{d}x$　　(10) $\int x\ln^2 x\mathrm{d}x$

4.4 应用实例

例 4.46 （投资流量与资本总额问题） 已知某企业净投资流量(单位:万元) $I(t)=6\sqrt{t}$(t 的单位是年)，初始资本为500万元.试求：

①前9年的资本积累；

②第 9 年末的资本总额.

解　净投资流量函数 $I(t)$ 是资本存量函数 $K(t)$ 对时间的导数，而 $I(t)=\frac{\mathrm{d}K(t)}{\mathrm{d}t}$，所以资本存量函数 $K(t)$ 为 $I(t)$ 的一个原函数，因此

$$K(t)=\int I(t)\mathrm{d}t=6\int\sqrt{t}\,\mathrm{d}t=4t^{\frac{3}{2}}+C$$

因为初始资本为 500 万元，即 $t=0$ 时，$K=500$，故

$500=4\cdot 0+C$，$C=500$，从而

$$K(t)=4t^{\frac{3}{2}}+500$$

前 9 年的基本积累为

$$K(9)-K(0)=(4\times 9^{\frac{3}{2}}+500)\text{ 万元}-500\text{ 万元}=108\text{ 万元}$$

第 9 年末的资本总额为

$$K(9)=4\times 9^{\frac{3}{2}}\text{ 万元}+500\text{ 万元}=608\text{ 万元}$$

利用边际函数(如 $I(t)$)求总函数(如 $K(t)$)，进而求总函数的增量或函数值是经济数学中一类基本的应用题.

例 4.47(充放电问题)　如图 4.5 所示的 R-C 电路(R：电阻，C：电容)，开始时，电容 C 上没有电荷，电容两端的电压为零.将开关 K 合上“1”后，电池 E 就对电容 C 充电，电容 C 两端的电压 U_C 逐渐升高.经过相当时间后，电容充电完毕.再把开关 K 合上“2”，这时电容开始放电过程.现在求充放电过程中，电容两端的电压 U_C 随时间 t 的变化规律.

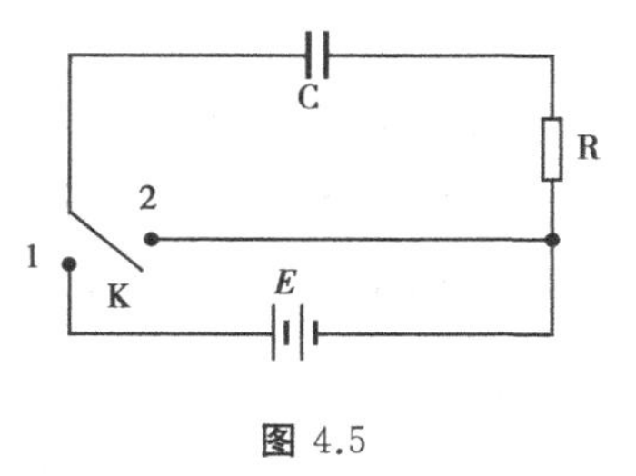

图 4.5

解　①充电过程

由电工学中闭合回路的基尔霍夫第二定律，有

$$U_C+RI=E$$

式中，I 为电流强度.

对电容 C 充电时，电容上的电量 Q 逐渐增多，根据 $Q=CU_C$ 得到

$$I=\frac{\mathrm{d}Q}{\mathrm{d}t}=C\frac{\mathrm{d}U_C}{\mathrm{d}t}\text{(电流强度等于电量对时间的变化率)}$$

由上面两式得到U_C满足的微分方程(含有未知函数的导数的方程式)

$$RC\frac{dU_C}{dt}+U_C=E$$

式中,R,C和E均为常数,整理,变形可得

$$\frac{dU_C}{U_C-E}=-\frac{1}{RC}dt$$

$$\int\frac{dU_C}{U_CE}=\int\frac{dt}{RC}$$

$$\ln\ |U_CE|=-\frac{t}{RC}+\ln|C'|$$

$|U_C-E|=e^{\ln|C'|-\frac{t}{RC}}$,记$C_1=\pm e^{\ln|C'|}$,所以

$$U_C=E+C_1e^{-\frac{1}{RC}t}$$

根据初始条件,$U_C\Big|_{t=0}=0$.

代入上式得$C_1=-E$,所以

$$U_C=E\left(1-e^{-\frac{1}{RC}t}\right)$$

这就是R-C电路充电过程中电容C两端电压的变化规律,由此可知,电压U_C从零开始逐渐增大,且当$t\to+\infty$时,$U_C\to E$.在电工学中,通常称$t=RC$为时间常数,当$t=3I$时,$U_C=0.95E$.这就是说,经过$3I$的时间后,电容C上的电压已达到外加电压的95%.在实际应用中,通常认为这时电容C的充电过程已经基本结束,而充电结果$U_C=E$(见图4.6).

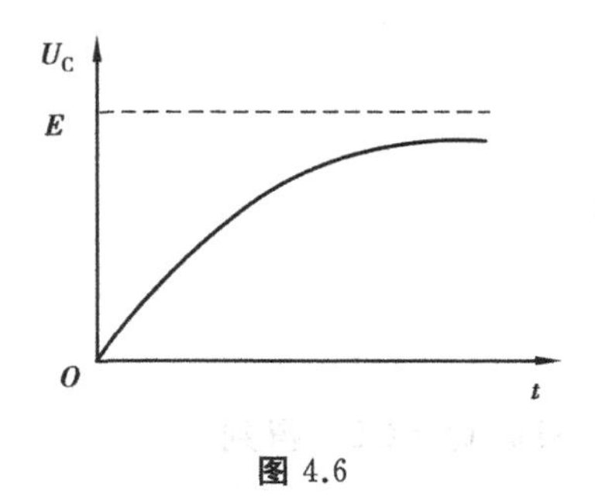

图 4.6

②放电过程

对放电过程,由于开关K合上“2”,故

$$RC\frac{dU_C}{dt}+U_C=0$$

并且U_C满足初始条件$U_C\Big|_{t=0}=E$,故

$$\frac{du}{U_C}=-\frac{dt}{RC}$$

$$\int \frac{\mathrm{d}U_C}{U_C} = -\int \frac{\mathrm{d}t}{RC}$$

$$\ln|U_C| = -\frac{t}{RC} + \ln|C'|$$

$$U_C = C_1 \mathrm{e}^{-\frac{t}{RC}} \quad (C_1 = \pm \mathrm{e}^{\ln|C'|})$$

将 $U_C\Big|_{t=0} = E$，代入 $E = C_1$，得

$$U_C = E\mathrm{e}^{-\frac{t}{RC}}$$

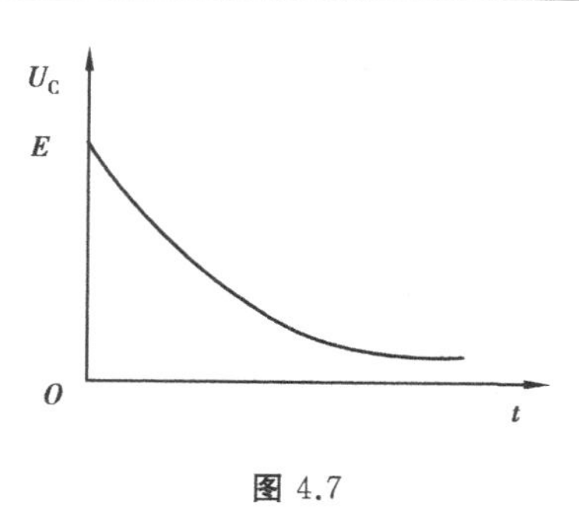

图 4.7

这就是 R-C 电路放电过程中电容 C 两端电压的变化规律，它是以指数规律减少的(见图 4.7).

单元检测 4

1.填空题：

(1) $\int \sin 2x \, \mathrm{d}x =$ ________.

(2) 设 $f(x) = \mathrm{e}^x$，则 $\int \frac{f(\ln x)}{x}\mathrm{d}x =$ ________.

(3) 设 $\int f(x)\mathrm{d}x = F(x) + C$，则 $\int f\left(\frac{1}{x}\right)\frac{1}{x^2}\mathrm{d}x =$ ________.

(4) 若 e^{-x} 是 $f(x)$ 的一个原函数，则 $\int xf(x)\mathrm{d}x =$ ________.

(5) 若 $\int f(x)\mathrm{d}x = x + C$，则 $\int x^2 f(x^2)\mathrm{d}x =$ ________.

2.单项选择题：

(1) 设 $f(x)$ 是可导函数，则 $\left(\int f(x)\mathrm{d}x\right)'$ 为(　　).

A. $f(x)$　　B. $f(x)+C$　　C. $f'(x)$　　D. $f'(x)+C$

(2) $\int \left(\frac{1}{\sin^2 x} + 1\right)\mathrm{d}(\sin x)$ 等于(　　).

A. $-\cot x+x+C$　　B. $-\cot x+\sin x+C$

C. $\dfrac{-1}{\sin x}+\sin x+C$　　D. $\dfrac{-1}{\sin x}+x+C$

(3)若 $\int f(x)\mathrm{d}x=F(x)+C$，则 $\int \sin x\cdot f(\cos x)\mathrm{d}x$ 等于(　　).

A. $F(\sin x)+C$　　B. $-F(\sin x)+C$

C. $F(\cos x)+C$　　D. $-F(\cos x)+C$

(4) 若 $\int f(x)\mathrm{e}^{-\frac{1}{x}}\mathrm{d}x=-\mathrm{e}^{-\frac{1}{x}}+C$，则 $f(x)$ 为(　　).

A. $-\dfrac{1}{x}$　　B. $-\dfrac{1}{x^2}$

C. $\dfrac{1}{x}$　　D. $\dfrac{1}{x^2}$

(5) 设 $F(x)$ 是 $f(x)$ 的一个原函数，则 $\int \mathrm{e}^x f(\mathrm{e}^x)\mathrm{d}x$ 等于(　　).

A. $F(\mathrm{e}^{-x})+C$　　B. $-F(\mathrm{e}^{-x})+C$

C. $F(\mathrm{e}^x)+C$　　D. $-F(\mathrm{e}^x)+C$

3. 求下列不定积分：

(1) $\int \sin\sqrt{x+1}\,\mathrm{d}x$　　(2) $\int x\tan^2 x\,\mathrm{d}x$

(3) $\int 6x^2\cdot(x^3+1)^{19}\mathrm{d}x$　　(4) $\int \dfrac{x+(\arctan x)^2}{1+x^2}\mathrm{d}x$

(5) $\int \ln(1+x)\mathrm{d}x$　　(6) $\int \tan x(1+\tan x)\mathrm{d}x$

(7) $\int \dfrac{1-\cos x}{x-\sin x}\mathrm{d}x$　　(8) $\int \dfrac{x\cos x}{\sin^3 x}\mathrm{d}x$

第 5 章　定积分

本章讨论定积分，从几何与物理问题出发引出定积分的定义，然后讨论它的性质与计算方法，最后举例说明定积分在实际问题中的一些应用.

5.1　定积分的概念与性质

5.1.1　引例

(1) 曲边梯形的面积

设函数 $y=f(x)$ 在区间 $[a,b]$ 上非负、连续.由直线 $x=a$，$x=b$，$y=0$ 及曲线 $y=f(x)$ 所围成的图形(见图 5.1)，称为曲边梯形.其中，曲线弧称为曲边.

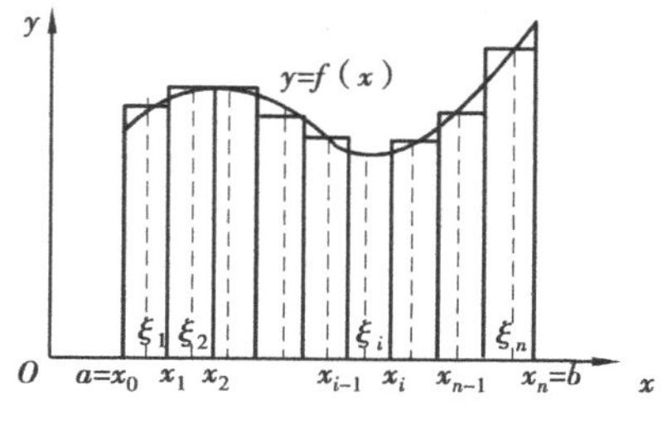

图 5.1

已知矩形的面积为

$$矩形面积=高\times底$$

但是曲边梯形在底边上各点处的高 $f(x)$ 在区间 $[a,b]$ 上是变动的，故它的面积不能直接按上述公式来定义和计算.然而，由于曲边梯形的高 $f(x)$ 在区间 $[a,b]$ 上是连续变化的，在小区间上它的变化很小，近似于不变.因此，如果把区间 $[a,b]$ 划分为许多小区间，在每个小区间上用其中某一点处的高来代替同一个小区间上的窄曲边梯形的变高，那么，每个窄曲边梯形的面积就可近似地等于对应的窄矩形的面积，可将所有这些窄矩形面积之和作为曲边梯形面积的近似值，并把区间无限细分下去，使每个小区间的长度都趋于零，这时所有窄矩形面积之和的极限就可定义为曲边梯形的面积.这个定义同时也给出了计算曲边梯形面积的方法，现详述于下.

1)分割

在区间$[a,b]$内任意插入$n-1$个分点，即

$$a=x_0<x_1<x_2<\cdots<x_{n-1}<x_n=b$$

将$[a,b]$分成n个小区间，即

$$[x_0,x_1],[x_1,x_2],\cdots,[x_{i-1},x_i],\cdots,[x_{n-1},x_n]$$

并分别记小区间的长度为$\Delta x_i=x_i-x_{i-1}(i=1,2,\cdots,n)$，过每一个分点做平行于$y$轴的直线段，把曲边梯形分成$n$个窄曲边梯形，并记第$i$个窄曲边梯形的面积为$\Delta A_i$.

2)近似

在每个小区间$[x_{i-1},x_i]$上任取一点ξ_i，以$[x_{i-1},x_i]$为底，$f(\xi_i)$为高的窄矩形的面积就可近似替代第i个窄曲边梯形ΔA_i的面积$(i=1,2,\cdots,n)$，即

$$\Delta A_i\approx f(\xi_i)\Delta x_i \qquad i=1,2,\cdots,n$$

3)求和

将n个窄矩形面积之和作为所求曲边梯形面积A的近似值，即

$$A=\sum_{i=1}^{n}\Delta A_i\approx\sum_{i=1}^{n}f(\xi_i)\Delta x_i$$

4)取极限

记$\lambda=\max\{\Delta x_1,\Delta x_2,\cdots,\Delta x_n\}$，令$\lambda\to0$，则分点无限增多，$n\to\infty$，对上述和式取极限，便得曲边梯形面积的精确值为

$$A=\lim_{\lambda\to0}\sum_{i=1}^{n}f(\xi_i)\Delta x_i$$

(2)变速直线运动的路程

设某物体做变速直线运动，已知速度$v=v(t)$是时间t的连续函数，且$v(t)\geqslant0$，计算物体从T_1时刻到T_2时刻所经过的路程s.

已知，对匀速直线运动，有公式

$$路程=速度\times时间$$

但是，在变速直线运动中，速度不是常量而是随时间变化的变量，因此，所求路程不能直接按匀速直线运动的路程公式来计算.然而，物体运动的速度函数是连续变化

的，在很短一段时间内，速度的变化很小，近似于匀速.因此，如果把时间间隔分小，在小时间段内，以匀速运动代替变速运动，那么，就可算出部分路程的近似值；再求和，得到整个路程的近似值；最后，通过对时间间隔无限细分的极限过程，所有部分路程的近似值之和的极限，就是所求变速直线运动的路程的精确值.具体步骤如下：

1)分割

在时间间隔$[T_1, T_2]$内任意插入 $n-1$ 个分点，即

$$T_1 = t_0 < t_1 < t_2 < \cdots < t_{n-1} < t_n = T_2$$

将$[T_1, T_2]$分成 n 个小区间，即

$$[t_0, t_1], [t_1, t_2], \cdots, [t_{i-1}, t_i], \cdots, [t_{n-1}, t_n]$$

并分别记各小区间的长为

$$\Delta t_i = t_i - t_{i-1} \qquad i = 1, 2, \cdots, n$$

2)近似

在时间间隔$[t_{i-1}, t_i]$上任取一个时刻 $\tau_i (t_{i-1} \leqslant \tau_i \leqslant t_i)$，以 τ_i 时的速度 $v(\tau_i)$ 来近似代替$[t_{i-1}, t_i]$上各个时刻的速度，得到部分路程 Δs_i 的近似值为

$$\Delta s_i \approx v(\tau_i) \Delta t_i \qquad i = 1, 2, \cdots, n$$

3)求和

这 n 部分路程的近似值之和就是所求变速直线运动路程 s 的近似值，即

$$s \approx \sum_{i=1}^{n} v(\tau_i) \Delta t_i$$

4)取极限

记 $\lambda = \max\{\Delta t_1, \Delta t_2, \cdots, \Delta t_n\}$，当 $\lambda \to 0$ 时，取上述和式的极限，即得变速直线运动的路程为

$$s = \lim_{\lambda \to 0} \sum_{i=1}^{n} v(\tau_i) \Delta t_i$$

5.1.2　定积分的概念

上述两例一个是几何问题，一个是物理问题，虽然所计算的量不同，但它们都取决于一个函数及其自变量的变化区间，并且计算这些量的方法与步骤是相同的，

均归结为具有相同结构的一种特定和式的极限，即

$$面积 A=\lim_{\lambda\to 0}\sum_{i=1}^{n}f(\xi_i)\Delta x_i$$

$$路程 s=\lim_{\lambda\to 0}\sum_{i=1}^{n}v(\tau_i)\Delta t_i$$

抛开这些问题的具体意义，抓住它们在数量关系上共同的本质与特性加以概括，就可抽象出定积分的定义.

定义 1　设函数 $f(x)$ 在 $[a,b]$ 上有界，在 $[a,b]$ 中任意插入 $n-1$ 个分点

$$a=x_0<x_1<x_2<\cdots<x_{n-1}<x_n=b$$

把区间 $[a,b]$ 分为 n 个小区间 $[x_{i-1},x_i]$ $(i=1,2,\cdots,n)$，小区间长度分别记为 $\Delta x_i=x_i-x_{i-1}$ $(i=1,2,\cdots,n)$，在每个小区间 $[x_{i-1},x_i]$ 上任取一点 ξ_i，作和式

$$\sum_{i=1}^{n}f(\xi_i)\Delta x_i$$

记 $\lambda=\max\{\Delta x_1,\Delta x_2,\cdots,\Delta x_n\}$，如果不论对 $[a,b]$ 怎样划分，也不论在小区间 $[x_{i-1},x_i]$ 上点 ξ_i 怎样取，只要当 $\lambda\to 0$ 时，上述和式总趋于确定的极限 I，则称这个极限 I 为函数 $f(x)$ 在区间 $[a,b]$ 上的定积分，记作 $\int_a^b f(x)\mathrm{d}x$，即

$$\int_a^b f(x)\mathrm{d}x=I=\lim_{\lambda\to 0}\sum_{i=1}^{n}f(\xi_i)\Delta x_i \tag{5.1}$$

式中，$f(x)$ 称为被积函数；$f(x)\mathrm{d}x$ 称为被积表达式；x 称为积分变量；a 称为积分下限；b 称为积分上限；$[a,b]$ 称为积分区间.

根据定义，前面所讨论的两个实际问题可以分别表述如下：

由曲线 $y=f(x)$　$(f(x)\geqslant 0)$ 与直线 $x=a$，$x=b$ 及 x 轴所围成的曲边梯形的面积 A 等于函数 $y=f(x)$ 在区间 $[a,b]$ 上的定积分，即

$$A=\int_a^b f(x)\mathrm{d}x$$

物体以变速 $v=v(t)$ $(v(t)\geqslant 0)$ 做直线运动，从时刻 $t=T_1$ 到时刻 $t=T_2$，物体经过的路程 s 等于函数 $v(t)$ 在区间 $[T_1,T_2]$ 上的定积分，即

$$s=\int_{T_1}^{T_2}v(t)\mathrm{d}t$$

注:①当和式 $\sum_{i=1}^{n} f(\xi_i)\Delta x_i$ 的极限存在时,其极限 I 仅与被积函数 $f(x)$ 及积分区间 $[a,b]$ 有关.如果既不改变被积函数 $f(x)$,也不改变积分区间 $[a,b]$,而只把积分变量 x 改写成其他字母,如 t 或 u,这时和的极限 I 不变,也就是定积分的值不变,即

$$\int_a^b f(x)\mathrm{d}x = \int_a^b f(t)\mathrm{d}t = \int_a^b f(u)\mathrm{d}u$$

这就是说,定积分的值只与被积函数及积分区间有关,而与积分变量的记号无关.

② 定积分的几何意义:在 $[a,b]$ 上 $f(x)\geqslant 0$ 时,已知定积分 $\int_a^b f(x)\mathrm{d}x$ 在几何上表示由曲线 $y=f(x)$ 与直线 $x=a,x=b$ 及 x 轴所围成的曲边梯形的面积.

在 $[a,b]$ 上 $f(x)<0$ 时,由曲线 $y=f(x)$ 与直线 $x=a,x=b$ 及 x 轴所围成的曲边梯形位于 x 轴的下方,定积分 $\int_a^b f(x)\mathrm{d}x$ 在几何上表示上述曲边梯形面积的负值.

所以当 $f(x)$ 在 $[a,b]$ 上既取得正值又取得负值时,函数的图形某些部分在 x 轴上方,而其他部分在 x 轴下方,此时定积分 $\int_a^b f(x)\mathrm{d}x$ 表示 x 轴上方图形面积减去 x 轴下方图形面积所得之差(见图 5.2).

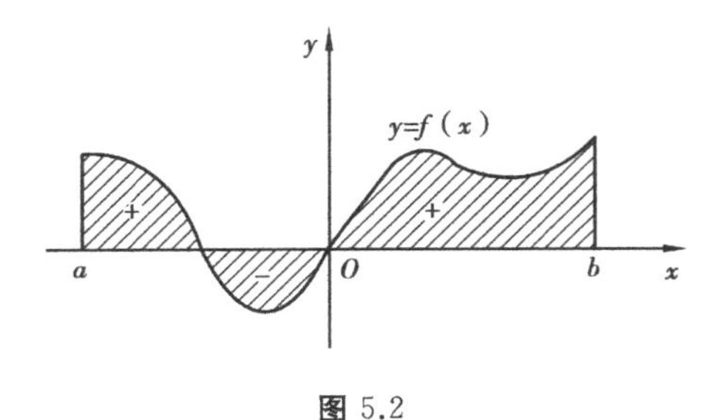

图 5.2

③为了以后计算及应用方便,对定积分作补充规定:

当 $a=b$ 时

$$\int_a^b f(x)\mathrm{d}x = \int_a^a f(x)\mathrm{d}x = 0$$

当 $a>b$ 时

$$\int_a^b f(x)\mathrm{d}x=-\int_b^a f(x)\mathrm{d}x$$

④ 和式$\sum_{i=1}^{n}f(\xi_i)\Delta x_i$通常称为$f(x)$的积分和.如果$f(x)$在$[a,b]$上的定积分存在,则称$f(x)$在$[a,b]$上可积.那么,函数$f(x)$在$[a,b]$上满足怎样的条件,$f(x)$在$[a,b]$上一定可积呢?对这个问题现不作深入的讨论,而只给出以下两个充分条件.

定理 1　若$f(x)$在$[a,b]$上连续,则$f(x)$在$[a,b]$上可积.

定理 2　若$f(x)$在$[a,b]$上有界,且只有有限个间断点,则$f(x)$在$[a,b]$上可积.

例 5.1　利用定义计算定积分$\int_0^1 x^2\mathrm{d}x$.

解　因为被积函数$f(x)=x^2$在积分区间$[0,1]$上连续,而连续函数一定可积,所以定积分的值与区间$[0,1]$的分点及点ξ_i的取法无关,因此,为了便于计算,不妨把区间$[0,1]$分为n等份,这样,每个小区间$[x_{i-1},x_i]$的长度为$\Delta x_i=\frac{1}{n}$,分点为$x_i=\frac{i}{n}$.取$\xi_i=\frac{i}{n}$,作积分和为

$$\begin{aligned}\sum_{i=1}^{n}f(\xi_i)\Delta x_i&=\sum_{i=1}^{n}\xi_i^2\Delta x_i=\sum_{i=1}^{n}\left(\frac{i}{n}\right)^2\cdot\frac{1}{n}\\&=\frac{1}{n^3}\sum_{i=1}^{n}i^2=\frac{1}{n^3}\cdot\frac{1}{6}n(n+1)(2n+1)\\&=\frac{1}{6}\left(1+\frac{1}{n}\right)\left(2+\frac{1}{n}\right)\end{aligned}$$

因为$\lambda=\frac{1}{n}$,当$\lambda\to 0$时,$n\to\infty$,上式两端取极限即得

$$\int_0^1 x^2\mathrm{d}x=\lim_{\lambda\to 0}\sum_{i=1}^{n}f(\xi_i)\Delta x_i=\lim_{n\to\infty}\frac{1}{6}\left(1+\frac{1}{n}\right)\left(2+\frac{1}{n}\right)=\frac{1}{3}$$

5.1.3　定积分的性质

由例 5.1 可知,利用定积分的定义来计算定积分是十分困难的,因此必须寻求

定积分的有效计算方法.下面介绍的定积分的基本性质有助于定积分的计算,也有助于对定积分的理解.

假定函数在所讨论的区间上都是可积的,则有

性质1　如果在区间$[a,b]$上$f(x)=1$,则

$$\int_a^b 1\mathrm{d}x=\int_a^b \mathrm{d}x=b-a$$

性质2　$\int_a^b [k_1 f(x)\pm k_2 g(x)]\mathrm{d}x=k_1\int_a^b f(x)\mathrm{d}x\pm k_2\int_a^b g(x)\mathrm{d}x$

k_1,k_2为常数

性质3　对任意实数c,则

$$\int_a^b f(x)\mathrm{d}x=\int_a^c f(x)\mathrm{d}x+\int_c^b f(x)\mathrm{d}x$$

性质4　如果在区间$[a,b]$上$f(x)\geqslant 0$,则

$$\int_a^b f(x)\mathrm{d}x\geqslant 0\qquad a<b$$

推论1　如果在区间$[a,b]$上$f(x)\leqslant g(x)$,则

$$\int_a^b f(x)\mathrm{d}x\leqslant \int_a^b g(x)\mathrm{d}x\qquad a<b$$

推论2　$\left|\int_a^b f(x)\mathrm{d}x\right|\leqslant \int_a^b |f(x)|\mathrm{d}x\qquad a<b$

性质5(估值定理)　若函数$f(x)$在$[a,b]$上取得最小值m和最大值M,则

$$m(b-a)\leqslant \int_a^b f(x)\mathrm{d}x\leqslant M(b-a)$$

证　因为$\forall x\in[a,b]$,$m\leqslant f(x)\leqslant M$,所以由推论1有

$$\int_a^b m\mathrm{d}x\leqslant \int_a^b f(x)\mathrm{d}x\leqslant \int_a^b M\mathrm{d}x$$

即

$$m(b-a)\leqslant \int_a^b f(x)\mathrm{d}x\leqslant M(b-a)$$

注:估值定理的几何意义是当$f(x)\geqslant 0$时,由$f(x)$,$x=a$,$x=b$及x轴所围成的曲边梯形的面积,在数值上介于以区间$[a,b]$为底,m,M为高的两个矩形面积之间.

性质 6(定积分中值定理) 如果函数 $f(x)$在闭区间$[a,b]$上连续,则至少存在一点 $\xi\in[a,b]$,使得

$$\int_a^b f(x)\mathrm{d}x=f(\xi)(b-a)\qquad a\leqslant\xi\leqslant b \tag{5.2}$$

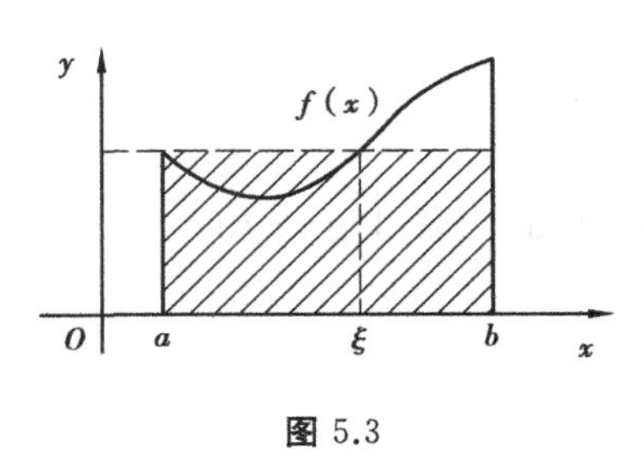

图 5.3

定积分中值定理的几何解释:在区间$[a,b]$上至少存在一点 ξ,使得以$[a,b]$为底边、以连续曲线 $y=f(x)$为曲边的曲边梯形的面积等于同底而高为 $f(\xi)$的一个矩形的面积(见图 5.3).

例 5.2 估计积分$\int_0^\pi \frac{1}{3+\sin^3 x}\mathrm{d}x$ 的值.

解 设 $f(x)=\dfrac{1}{3+\sin^3 x}(x\in[0,\pi])$,则

$$\frac{1}{4}\leqslant f(x)\leqslant\frac{1}{3}$$

所以由估值定理,可得

$$\int_0^\pi \frac{1}{4}\mathrm{d}x\leqslant\int_0^\pi \frac{1}{3+\sin^3 x}\mathrm{d}x\leqslant\int_0^\pi \frac{1}{3}\mathrm{d}x$$

即

$$\frac{\pi}{4}\leqslant\int_0^\pi \frac{1}{3+\sin^3 x}\mathrm{d}x\leqslant\frac{\pi}{3}$$

习题 5.1

1.填空题:

(1) 函数 $f(x)$在$[a,b]$上的定积分是积分和的极限,即 $\int_a^b f(x)\mathrm{d}x=$ ____________.

(2) 定积分的几何意义是 ________________________.

(3) 如果 $f(x)$ 在$[a,b]$上的最大值与最小值分别为 M 与 m,则$\int_a^b f(x)\mathrm{d}x$ 有

估计式：____.

(4) 当 $a > b$ 时，则可规定 $\int_a^b f(x)\mathrm{d}x$ 与 $\int_b^a f(x)\mathrm{d}x$ 的关系式是 ________________.

2.比较下列定积分的大小：

(1) $\int_0^1 x^2\mathrm{d}x$ 与 $\int_0^1 x^3\mathrm{d}x$　　(2) $\int_1^2 \ln x\mathrm{d}x$ 与 $\int_1^2 (\ln x)^2\mathrm{d}x$

(3) $\int_0^1 \mathrm{e}^x\mathrm{d}x$ 与 $\int_0^1 (x+1)\mathrm{d}x$　　(4) $\int_0^\pi \sin x\mathrm{d}x$ 与 $\int_0^\pi \cos x\mathrm{d}x$

3.试用定积分表示如图 5.4 中阴影部分的面积.

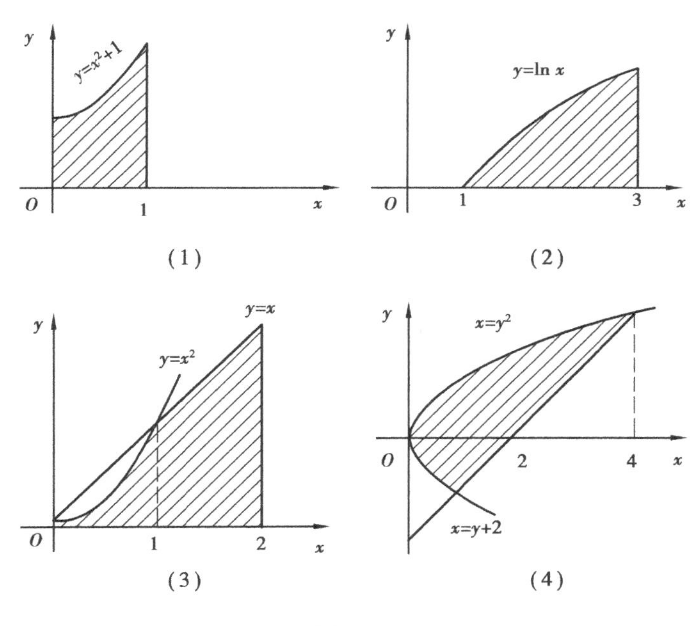

图 5.4

5.2　微积分基本定理

为寻求计算定积分的简便方法，本节介绍微积分基本定理.

5.2.1　积分上限函数及其导数

设函数 $f(x)$在区间$[a,b]$上连续,并且设 x 为$[a,b]$上的一点.现来考察函数 $f(x)$在部分区间$[a,x]$上的定积分

$$\int_a^x f(x)\mathrm{d}x$$

首先,由于 $f(x)$在区间$[a,x]$上连续,因此这个定积分存在,这里,x 既表示定积分的上限,又表示积分变量,因为定积分与积分变量的记号无关,所以为明确起见,可以把积分变量改用其他符号,如用 t 表示,则上面的定积分可以写为

$$\int_a^x f(t)\mathrm{d}t$$

如果上限 x 在区间$[a,x]$上任意变动,则对每一个取定的 x 值,定积分有一个对应值,所以它在$[a,b]$上定义了一个函数,记作

$$\Phi(x)=\int_a^x f(t)\mathrm{d}t \qquad a\leqslant x\leqslant b$$

这个函数称为积分上限函数,它具有下面的性质.

定理 1　如果函数 $f(x)$ 在区间$[a,b]$ 上连续,则积分上限函数 $\Phi(x)=\int_a^x f(t)\mathrm{d}t$ 在$[a,b]$ 上可导,并且

$$\Phi'(x)=\left(\int_a^x f(t)\mathrm{d}t\right)'=f(x) \qquad a\leqslant x\leqslant b \tag{5.3}$$

证　任取 $x\in(a,b)$,任给 $\Delta x\neq 0$,则 $\Phi(x)$在 $x+\Delta x$ 处的函数值为

$$\Phi(x+\Delta x)=\int_a^{x+\Delta x} f(t)\mathrm{d}t$$

于是

$$\begin{aligned}\Delta\Phi(x)&=\Phi(x+\Delta x)-\Phi(x)\\&=\int_a^{x+\Delta x} f(t)\mathrm{d}t-\int_a^x f(t)\mathrm{d}t\\&=\int_x^{x+\Delta x} f(t)\mathrm{d}t\end{aligned}$$

如图 5.5 所示,由定积分中值定理,得

$$\Delta\Phi(x)=f(\xi)\Delta x$$

这里 ξ 在 x 与 $x+\Delta x$ 之间，于是根据导数的定义，有

$$\Phi'(x)=\lim_{\Delta x\to 0}\frac{\Delta\Phi(x)}{\Delta x}=\lim_{\Delta x\to 0}\frac{f(\xi)\Delta x}{\Delta x}$$

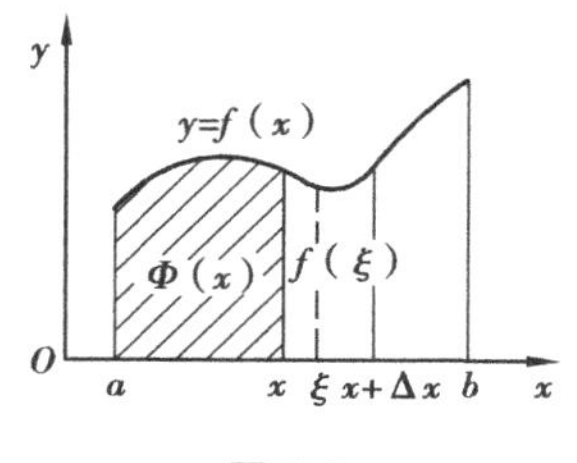

图 5.5

由于假设 $f(x)$ 在区间$[a,b]$上连续，又 $\Delta x\to 0$ 时，$\xi\to x$，因此

$$\lim_{\Delta x\to 0}\frac{\Delta\Phi(x)}{\Delta x}=\lim_{\xi\to x}f(\xi)=f(x)$$

即

$$\Phi'(x)=\left(\int_a^x f(t)\mathrm{d}t\right)'=f(x)$$

一般，若 $G(x)=\int_a^{\varphi(x)}f(t)\mathrm{d}t$，其中，$\varphi(x)=u$ 对 x 求导，由复合函数的导数法则，有

$$G'(x)=\frac{\mathrm{d}G(x)}{\mathrm{d}u}\cdot\frac{\mathrm{d}u}{\mathrm{d}x}=\frac{\mathrm{d}}{\mathrm{d}u}\left[\int_0^u f(t)\mathrm{d}t\right]\cdot\frac{\mathrm{d}u}{\mathrm{d}x}$$
$$=f(u)\cdot\varphi'(x)=f(\varphi(x))\cdot\varphi'(x)$$

5.2.2　原函数存在定理

定理 2　如果函数 $f(x)$ 在闭区间$[a,b]$上连续，则在该区间上 $f(x)$ 的原函数一定存在，$\int_a^x f(t)\mathrm{d}t$ 就是 $f(x)$ 在$[a,b]$上的一个原函数.

例 5.3　求下列导数：

① $\frac{\mathrm{d}}{\mathrm{d}x}\int_0^x \mathrm{e}^{-t^2}\mathrm{d}t$　　② $\frac{\mathrm{d}}{\mathrm{d}x}\int_0^{x^2}(1+\sin t^2)\mathrm{d}t$

③ $\frac{\mathrm{d}}{\mathrm{d}x}\int_{x^2}^{x^3}\frac{\mathrm{d}t}{\sqrt{1+t^2}}$　　④ $\frac{\mathrm{d}}{\mathrm{d}x}\int_0^x\frac{\sin t}{t}\mathrm{d}t$

解　①
$$\frac{\mathrm{d}}{\mathrm{d}x}\int_0^x \mathrm{e}^{-t^2}\mathrm{d}t=\mathrm{e}^{-x^2}$$

②
$$\frac{\mathrm{d}}{\mathrm{d}x}\int_0^{x^2}(1+\sin t^2)\mathrm{d}t=(1+\sin x^4)\cdot 2x$$

③
$$\frac{\mathrm{d}}{\mathrm{d}x}\int_{x^2}^{x^3}\frac{\mathrm{d}t}{\sqrt{1+t^2}}=\frac{\mathrm{d}}{\mathrm{d}x}\left[\int_{x^2}^{0}\frac{\mathrm{d}t}{\sqrt{1+t^2}}+\int_{0}^{x^3}\frac{\mathrm{d}t}{\sqrt{1+t^2}}\right]$$
$$=\frac{\mathrm{d}}{\mathrm{d}x}\left[\int_{0}^{x^3}\frac{\mathrm{d}t}{\sqrt{1+t^2}}-\int_{0}^{x^2}\frac{\mathrm{d}t}{\sqrt{1+t^2}}\right]$$
$$=\frac{3x^2}{\sqrt{1+x^6}}-\frac{2x}{\sqrt{1+x^4}}$$

④
$$\frac{\mathrm{d}}{\mathrm{d}x}\int_0^x\frac{\sin t}{t}\mathrm{d}t=\frac{\sin x}{x}$$

例 5.4　求$\lim\limits_{x\to 0}\dfrac{\int_{\cos x}^{1}\mathrm{e}^{-t^2}\,\mathrm{d}t}{x^2}$

解　这是一个$\dfrac{0}{0}$型未定式，由洛必达法则，有

$$\lim_{x\to 0}\frac{\int_{\cos x}^{1}\mathrm{e}^{-t^2}\,\mathrm{d}t}{x^2}=\lim_{x\to 0}\frac{-\int_{1}^{\cos x}\mathrm{e}^{-t^2}\,\mathrm{d}t}{x^2}=\lim_{x\to 0}\frac{\sin x\,\mathrm{e}^{-\cos^2 x}}{2x}=\frac{1}{2\mathrm{e}}$$

5.2.3　牛顿-莱布尼茨(Newton-leibniz)公式

定理 3　如果函数 $F(x)$是连续函数 $f(x)$在区间$[a,b]$上的一个原函数，则

$$\int_a^b f(t)\mathrm{d}t=F(b)-F(a)\tag{5.4}$$

证　已知函数$F(x)$是连续函数$f(x)$的一个原函数，又根据定理2变上限积分 $\Phi(x)=\int_a^x f(t)\mathrm{d}t$ 也是 $f(x)$ 的一个原函数.所以有

$$\int_a^x f(t)\mathrm{d}t=F(x)+C$$

在上式中令 $x=a$，$0=\int_a^a f(t)\mathrm{d}t=F(a)+C$，所以 $C=-F(a)$，于是

$$\int_a^x f(t)\mathrm{d}t=F(x)-F(a)$$

再令 $x=b$，则

$$\int_a^b f(t)\mathrm{d}t=F(b)-F(a)$$

即

$$\int_a^b f(x)\mathrm{d}x = F(b) - F(a)$$

为了方便起见,可把 $F(b)-F(a)$ 记成 $[F(x)]_a^b$,所以

$$\int_a^b f(x)\mathrm{d}x = F(b) - F(a) = [F(x)]_a^b$$

上式称为**牛顿-莱布尼茨**(Newton-Leibniz)**公式**.这个公式进一步揭示了定积分与被积函数的原函数或不定积分之间的联系,因此也被称为微积分基本公式.这是定积分计算的基本方法,它为微积分的创立和发展奠定了基础.

例 5.5　计算定积分 $\int_0^1 x^2\mathrm{d}x$.

解　由于 $\frac{1}{3}x^3$ 是 x^2 的一个原函数,故

$$\int_0^1 x^2\mathrm{d}x = \left[\frac{1}{3}x^3\right]_0^1 = \frac{1}{3}\cdot 1^3 - \frac{1}{3}\cdot 0^3 = \frac{1}{3}$$

例 5.6　计算 $\int_{-1}^{\sqrt{3}} \frac{\mathrm{d}x}{1+x^2}$.

解　由于 $\arctan x$ 是 $\frac{1}{1+x^2}$ 的一个原函数,故

$$\int_{-1}^{\sqrt{3}} \frac{\mathrm{d}x}{1+x^2} = [\arctan x]_{-1}^{\sqrt{3}} = \arctan\sqrt{3} - \arctan(-1)$$

$$= \frac{\pi}{3} - \left(-\frac{\pi}{4}\right) = \frac{7}{12}\pi$$

例 5.7　计算曲线 $y=\sin x$ 在 $[0,\pi]$ 上与 x 轴所围成的平面图形的面积.

解　曲线 $y=\sin x$ 在 $[0,\pi]$ 上与 x 轴所围成的平面图形如图 5.6 所示,则它的面积为

$$A = \int_0^\pi \sin x\mathrm{d}x = [-\cos x]_0^\pi = 2$$

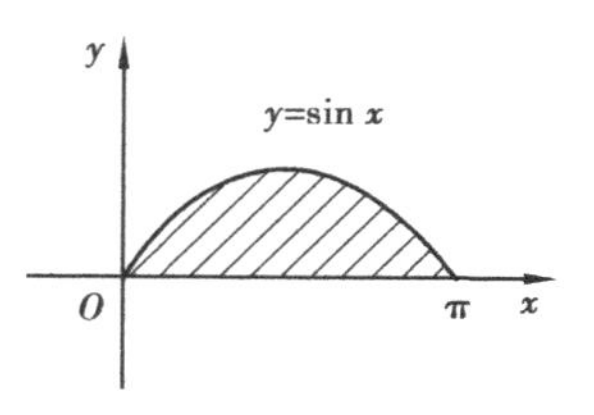

图 5.6

习题 5.2

1.填空题：

(1) $\dfrac{\mathrm{d}}{\mathrm{d}x}\left(\int_0^x \mathrm{e}^{-t^2}\,\mathrm{d}t\right)=$ ________.

(2) $\dfrac{\mathrm{d}}{\mathrm{d}x}\left(\int_{\sqrt{x}}^1 \sqrt{1+t^2}\,\mathrm{d}t\right)=$ ________.

(3) $\int_0^2 f(x)\mathrm{d}x=$ ________，其中，$f(x)=\begin{cases}x^2 & 0\leqslant x\leqslant 1\\ 2-x & 1<x\leqslant 2\end{cases}$.

(4) $\lim\limits_{x\to 0}\dfrac{\int_0^x \cos t^2\,\mathrm{d}t}{x}=$ ________.

2.计算下列定积分：

(1) $\int_1^2\left(x^2+\dfrac{1}{x^2}\right)\mathrm{d}x$

(2) $\int_{-\frac{1}{2}}^{\frac{1}{2}}\dfrac{\mathrm{d}x}{\sqrt{1-x^2}}$

(3) $\int_{-1}^0 \dfrac{3x^4+3x^2+1}{x^2+1}\mathrm{d}x$

(4) $\int_0^{2\pi}|\sin x|\mathrm{d}x$

3.求下列极限：

(1) $\lim\limits_{x\to 0}\dfrac{\int_0^x 2t\cos t\,\mathrm{d}t}{1-\cos x}$

(2) $\lim\limits_{x\to +\infty}\dfrac{\int_0^x(\arctan t)^2\,\mathrm{d}t}{\sqrt{x^2+1}}$

5.3 定积分的计算

由牛顿-莱布尼茨公式可知，计算定积分 $\int_a^b f(x)\mathrm{d}x$ 的关键在于寻找出被积函数 $f(x)$ 的一个原函数 $F(x)$.本节介绍定积分的换元积分法和分部积分法.

5.3.1　定积分的换元积分法

定理 1　假设函数 $f(x)$在区间$[a,b]$上连续，函数 $x=\varphi(t)$满足条件：

①$\varphi(\alpha)=a,\varphi(\beta)=b$；

②在区间$[\alpha,\beta]$(或$[\beta,\alpha]$)上 $\varphi(t)$单调且有连续导数.

则有

$$\int_a^b f(x)\mathrm{d}x=\int_\alpha^\beta f[\varphi(t)]\varphi'(t)\mathrm{d}t \tag{5.5}$$

式(5.5)称为定积分的换元积分公式.

证　因为函数 $f(x)$在区间$[a,b]$上连续，所以 $f(x)$在$[a,b]$上存在原函数，设为 $F(x)$，则有

$$\int_a^b f(x)\mathrm{d}x=F(b)-F(a)$$

由于在$[\alpha,\beta]$(或$[\beta,\alpha]$)上 $\varphi(t)$单调，故 $a\leqslant\varphi(t)\leqslant b$，从而复合函数 $f[\varphi(t)]$在$[\alpha,\beta]$(或$[\beta,\alpha]$)上有定义，并有

$$\frac{\mathrm{d}}{\mathrm{d}t}F[\varphi(t)]=F'[\varphi(t)]\varphi'(t)=f[\varphi(t)]\varphi'(t)$$

且 $f[\varphi(t)]\varphi'(t)$在$[\alpha,\beta]$(或$[\beta,\alpha]$)上连续，于是有

$$\begin{aligned}\int_\alpha^\beta f[\varphi(t)]\varphi'(t)\mathrm{d}t&=[F[\varphi(t)]]_\alpha^\beta=F[\varphi(\beta)]-F[\varphi(\alpha)]\\&=F(b)-F(a)\end{aligned}$$

因此

$$\int_a^b f(x)\mathrm{d}x=\int_\alpha^\beta f[\varphi(t)]\varphi'(t)\mathrm{d}t$$

例 5.8　求 $\int_0^{\frac{\pi}{2}}\cos^4 x\ \sin x\mathrm{d}x$.

解　令 $t=\cos x$，则 $\mathrm{d}t=-\sin x\mathrm{d}x$

而且当 $x=0$ 时，$t=1$，当 $x=\frac{\pi}{2}$时，$t=0$，所以

$$\int_0^{\frac{\pi}{2}}\cos^4 x\ \sin x\mathrm{d}x=-\int_1^0 t^4\mathrm{d}t=\int_0^1 t^4\mathrm{d}t=\frac{1}{5}t^5\Big|_0^1=\frac{1}{5}$$

由例 5.8 可知，不定积分的换元法和定积分的换元法之间的区别在于不定积分的换元法在求得关于新变量 t 的积分后，必须代回原变量 x，而定积分的换元法在积分变量由 x 变成 t 的同时，其积分限也由 $x=a$ 和 $x=b$ 相应地换成 $t=\alpha$ 和 $t=\beta$，在完成关于变量 t 的积分后，直接用 t 的上下限 β 和 α 代入计算定积分的值，而不必代回原变量.

例 5.9　求 $\int_0^1 \frac{1}{x+\sqrt{1-x^2}}\mathrm{d}x$.

解　令 $x=\sin t$，则

$$\mathrm{d}x=\cos t\,\mathrm{d}t$$

又 $x=0$ 时，$t=0$；$x=1$ 时，$t=\frac{\pi}{2}$.所以

$$\begin{aligned}\int_0^1 \frac{1}{x+\sqrt{1-x^2}}\mathrm{d}x &= \int_0^{\frac{\pi}{2}} \frac{\cos t}{\sin t+\sqrt{1-\sin^2 t}}\mathrm{d}t \\ &= \int_0^{\frac{\pi}{2}} \frac{\cos t}{\sin t+\cos t}\mathrm{d}t \\ &= \frac{1}{2}\int_0^{\frac{\pi}{2}}\left(1+\frac{\cos t-\sin t}{\sin t+\cos t}\right)\mathrm{d}t \\ &= \frac{1}{2}\cdot\frac{\pi}{2}+\frac{1}{2}\left[\ln|\sin t+\cos t|\right]_0^{\frac{\pi}{2}} \\ &= \frac{\pi}{4}\end{aligned}$$

例 5.10　证明：设 $f(x)$ 在区间 $[-a,a]$ 上可积，则

①$f(x)$ 为奇函数时，$\int_{-a}^{a} f(x)\mathrm{d}x=0$；

②$f(x)$ 为偶函数时，$\int_{-a}^{a} f(x)\mathrm{d}x=2\int_0^a f(x)\mathrm{d}x$.

证

$$\int_{-a}^{a} f(x)\mathrm{d}x=\int_{-a}^{0} f(x)\mathrm{d}x+\int_0^a f(x)\mathrm{d}x$$

对积分 $\int_{-a}^{0} f(x)\mathrm{d}x$ 作代换 $x=-t$，则得

$$\int_{-a}^{0} f(x)\mathrm{d}x=-\int_a^0 f(-t)\mathrm{d}t=\int_0^a f(-t)\mathrm{d}t=\int_0^a f(-x)\mathrm{d}x$$

于是

$$\int_{-a}^{a} f(x)\mathrm{d}x = \int_{0}^{a} f(-x)\mathrm{d}x + \int_{0}^{a} f(x)\mathrm{d}x$$

$$= \int_{0}^{a} [f(-x) + f(x)]\mathrm{d}x$$

①$f(x)$为奇函数时，$f(x)+f(-x)=0$，因此

$$\int_{-a}^{a} f(x)\mathrm{d}x = 0$$

②$f(x)$为偶函数时，$f(x)+f(-x)=2f(x)$，得

$$\int_{-a}^{a} f(x)\mathrm{d}x = 2\int_{0}^{a} f(x)\mathrm{d}x$$

这两个结论，从定积分的几何意义看，是十分明显的，如图 5.7 所示.

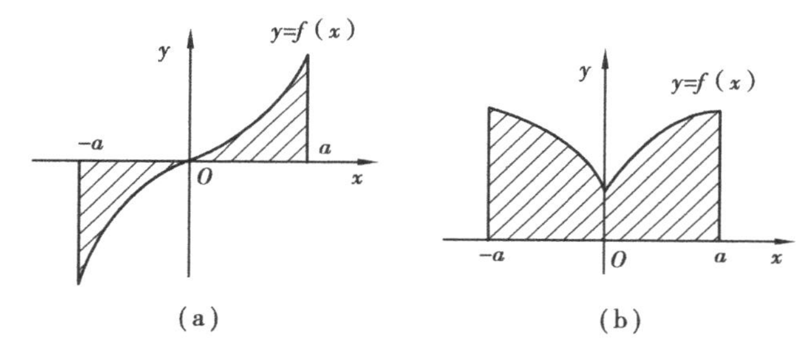

图 5.7

例 5.11　计算 $\int_{-1}^{1} \frac{x^2 - \arctan x}{1 + x^2}\mathrm{d}x$.

解　由于 $\frac{x^2-\arctan x}{1+x^2} = \frac{x^2}{1+x^2} - \frac{\arctan x}{1+x^2}$，$\frac{x^2}{1+x^2}$是偶函数，$\frac{\arctan x}{1+x^2}$是奇函数.

从而

$$\int_{-1}^{1} \frac{x^2 - \arctan x}{1 + x^2}\mathrm{d}x = \int_{-1}^{1} \frac{x^2}{1 + x^2}\mathrm{d}x - \int_{-1}^{1} \frac{\arctan x}{1 + x^2}\mathrm{d}x = 2\int_{0}^{1} \frac{x^2}{1 + x^2}\mathrm{d}x$$

$$= 2\int_{0}^{1} \frac{1 + x^2 - 1}{1 + x^2}\mathrm{d}x = 2\int_{0}^{1}\mathrm{d}x - 2\int_{0}^{1} \frac{\mathrm{d}x}{1 + x^2}$$

$$= [2x]_0^1 - [2\arctan x]_0^1 = 2 - \frac{\pi}{2}$$

5.3.2 定积分的分部积分法

设 $u(x)$，$v(x)$ 在 $[a,b]$ 上具有连续导数，由不定积分的分部积分公式 $\int u\mathrm{d}v = uv - \int v\mathrm{d}u$，可得定积分分部积分公式为

$$\int_a^b u\mathrm{d}v = [uv]_a^b - \int_a^b v\mathrm{d}u$$

例 5.12　计算 $\int_0^{\frac{1}{2}} \arcsin x\,\mathrm{d}x$.

解　$\int_0^{\frac{1}{2}} \arcsin x\,\mathrm{d}x = [x\arcsin x]_0^{\frac{1}{2}} - \int_0^{\frac{1}{2}} x\,\mathrm{d}(\arcsin x)$

$$= \frac{1}{2}\cdot\frac{\pi}{6} - \int_0^{\frac{1}{2}} \frac{x}{\sqrt{1-x^2}}\mathrm{d}x$$

$$= \frac{\pi}{12} + \frac{1}{2}\int_0^{\frac{1}{2}} \frac{1}{\sqrt{1-x^2}}\mathrm{d}(1-x^2) = \frac{\pi}{12} + [\sqrt{1-x^2}]_0^{\frac{1}{2}}$$

$$= \frac{\pi}{12} + \frac{\sqrt{3}}{2} - 1$$

例 5.13　计算 $\int_{\frac{1}{e}}^{e} |\ln x|\,\mathrm{d}x$.

解　$f(x) = |\ln x| = \begin{cases} -\ln x & x\in\left[\frac{1}{e},1\right] \\ \ln x & x\in[1,e] \end{cases}$

$$\int_{\frac{1}{e}}^{e} |\ln x|\,\mathrm{d}x = -\int_{\frac{1}{e}}^{1} \ln x\,\mathrm{d}x + \int_1^e \ln x\,\mathrm{d}x$$

$$= -[(x\ln x - x)]_{\frac{1}{e}}^{1} + [x\ln x - x]_1^e$$

$$= 2 - \frac{2}{e}$$

习题 5.3

1.填空题：

(1) $\int_{\frac{\pi}{3}}^{\pi} \sin\left(x+\frac{\pi}{3}\right)\mathrm{d}x =$ ____________.

(2) $\int_0^{\sqrt{2}} \sqrt{2-x^2}\,dx =$ ________.

(3) $\int_{-5}^{5} \frac{x^3 \cdot \sin^2 x}{x^4+2x^2+1}\,dx =$ ________.

(4) $\int_0^1 x e^{-x}\,dx =$ ________.

(5) $\int_0^1 x \arctan x\,dx =$ ________.

2.用换元积分法计算下列定积分：

(1) $\int_0^{\frac{\pi}{2}} \sin x \cdot \cos^3 x\,dx$　　(2) $\int_1^{\sqrt{3}} \frac{1}{x^2 \cdot \sqrt{1+x^2}}\,dx$

(3) $\int_0^1 \sqrt{4+5x}\,dx$　　(4) $\int_0^{\pi} \sqrt{1+\cos^2 x\,dx}$

3.用分部积分法计算下列定积分：

(1) $\int_0^{\pi} x \sin x\,dx$　　(2) $\int_0^1 x e^x\,dx$

(3) $\int_1^{e} (x-1)\ln x\,dx$　　(4) $\int_0^1 \arctan\sqrt{x}\,dx$

5.4　定积分的几何应用

本节介绍定积分应用的元素法以及定积分在几何学中的应用.

5.4.1　定积分的元素法

由本章 5.1 节的实例(曲边梯形的面积和变速直线运动的路程)分析可见,用定积分表达某个量 Q 可分为以下 4 个步骤：

①**分割**.把所求的量 Q 分割成许多部分量 ΔQ_i,这需要选择一个被分割的变量 x 和被分割的区间$[a,b]$.

②**近似**.考察任一小区间$[x_{i-1},x_i]$上 Q 的部分量 ΔQ_i 的近似值.

③**求和**.$Q=\sum_{i=1}^{n}\Delta Q_i \approx \sum_{i=1}^{n} f(\xi_i)\Delta x_i$.

④**取极限**. $Q=\lim\limits_{\lambda\to 0}\sum\limits_{i=1}^{n}f(\xi_i)\Delta x_i=\int_a^b f(x)\mathrm{d}x$.

在实际应用中上述 4 步可简化成以下 3 步：

①**选变量**.选取某个变量 x 作为被分割的变量，它就是积分变量，并确定 x 的变化区间$[a,b]$，它就是积分区间.

②**找微元**.设想把区间$[a,b]$分成 n 个小区间.其中，任意一个小区间用$[x,x+\mathrm{d}x]$表示，小区间的长度 $\Delta x=\mathrm{d}x$，所求的量 Q 对应于小区间$[x,x+\mathrm{d}x]$的部分量记作 ΔQ，并取 $\xi=x$，求出部分量 ΔQ 的近似值 $\Delta Q\approx f(x)\mathrm{d}x$.

近似值 $f(x)\mathrm{d}x$ 称为量 Q 的元素(或微元)，记作 $\mathrm{d}Q$，即 $\mathrm{d}Q=f(x)\mathrm{d}x$.

③**求积分**.以量 Q 的元素 $\mathrm{d}Q=f(x)\mathrm{d}x$ 为被积表达式，在$[a,b]$上积分，便得所求量 Q，即

$$Q=\int_a^b f(x)\mathrm{d}x$$

上述把某个量表达为定积分的简化方法称为定积分的**元素法**(或**微元法**).下面结合具体例子来介绍元素法的应用.

5.4.2　平面图形的面积

利用定积分可以在直角坐标系下和极坐标系下求平面图形的面积，这里只介绍在直角坐标系下求平面图形的面积.

例 5.14　求椭圆$\dfrac{x^2}{a^2}+\dfrac{y^2}{b^2}=1$所围成的面积$(a>0,b>0)$.

解　由对称性可知，所求面积是第一象限部分的面积的 4 倍.

选积分变量为 x，积分区间为$[0,a]$，对应于$[0,a]$中任一小区间$[x,x+\mathrm{d}x]$(见图 5.8)的窄条面积近似为 $\mathrm{d}A=y\mathrm{d}x=\dfrac{b}{a}\sqrt{a^2-x^2}\,\mathrm{d}x$，于是椭圆面积为

$$A=4\int_0^a \frac{b}{a}\sqrt{a^2-x^2}\,\mathrm{d}x$$

用换元法计算这个积分，设 $x=a\sin t$，则 $t=\arcsin\dfrac{x}{a}$，$\mathrm{d}x=a\cos t\mathrm{d}t$.且当 $x=0$ 时，$t=0$；当 $x=a$ 时，$t=\dfrac{\pi}{2}$.于是

$$A = 4\int_0^a \frac{b}{a}\sqrt{a^2 - x^2}\,dx = \frac{4b}{a}\int_0^{\frac{\pi}{2}} a^2\cos^2 t\,dt$$

$$= 4ab \cdot \frac{1}{2} \cdot \frac{\pi}{2} = \pi ab$$

例 5.15　求由抛物线 $y^2 = 2x$ 与直线 $y = x - 4$ 所围成的平面图形面积.

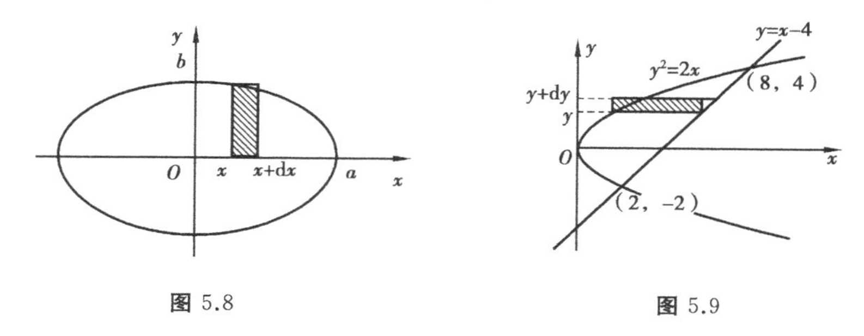

图 5.8　　　　图 5.9

解　联立方程 $\begin{cases} y^2 = 2x \\ y = x - 4 \end{cases}$，解得两曲线的交点为(2，−2)和(8，4).如图 5.9 所示，选择 y 为积分变量，积分区间为[−2，4]，考察任一小区间$[y, y+dy]$上一个窄条的面积，可用宽为$(y+4) - \frac{y^2}{2}$，高为 dy 的小矩形面积近似，即得面积微元为 $dA = \left[(y+4) - \frac{y^2}{2}\right]dy$，于是所围区域的面积为

$$A = \int_{-2}^{4}\left[(y+4) - \frac{y^2}{2}\right]dy = \left[\frac{y^2}{2} + 4y - \frac{y^3}{6}\right]_{-2}^{4} = 18$$

一般地，若平面图形是由曲线 $y = f(x)$，$y = g(x)$和直线 $x = a$，$x = b$ 围成，$f(x) \geqslant g(x)$，则其面积可对 x 积分得到，即

$$A = \int_a^b [f(x) - g(x)]dx$$

若平面图形是由曲线 $x = \varphi(y)$，$x = \Psi(y)$和直线 $y = c$，$y = d$ 围成，且 $\varphi(y) \geqslant \Psi(y)$，则其面积可对 x 积分得到，即

$$A = \int_c^d [\varphi(y) - \Psi(y)]dy$$

事实上，例 5.15 也可以选择 x 为积分变量，积分区间是[0，8]，但是，当小区间$[x, x+dx]$取在[0，2]中时，面积微元为 $dA = [\sqrt{2x} - (-\sqrt{2x})]dx = 2\sqrt{2x}\,dx$，

而当小区间取在[2,8]中时，面积微元为

$$dA=[\sqrt{2x}-(x-4)]dx=(4+\sqrt{2x}-x)dx$$

因此，积分区间须分成[0,2]和[2,8]两部分，即所给图形由直线 $x=2$ 分成两部分，分别计算两部分面积再相加得所求面积，即

$$\begin{aligned}A&=\int_0^2 2\sqrt{2x}\,dx+\int_2^8(4+\sqrt{2x}-x)dx\\&=\left[\frac{4\sqrt{2}}{3}x^{\frac{3}{2}}\right]_0^2+\left[4x+\frac{2\sqrt{2}}{3}x^{\frac{3}{2}}-\frac{1}{2}x^2\right]_2^8\\&=\frac{16}{3}+\frac{38}{3}=18\end{aligned}$$

比较两种算法可知，取 y 为积分变量要简便得多.因此，对具体问题应选择积分简便的计算方法.

5.4.3 旋转体的体积

求由连续曲线 $y=f(x)$ 与直线 $x=a$，$x=b$ 及 x 轴围成的曲边梯形，绕 x 轴旋转一周而成的旋转体(见图5.10)的体积 V.

取 x 为积分变量，积分区间为$[a,b]$.在$[a,b]$上任取一小区间$[x,x+dx]$，相应的窄曲边梯形绕 x 轴旋转而成的薄片的体积近似于以 $f(x)$为底面圆半径，以 dy 为高的扁圆柱体的体积，从而得到体积微元为

$$dV=\pi[f(x)]^2dx$$

于是，旋转体的体积为

$$V=\pi\int_a^b f^2(x)dx$$

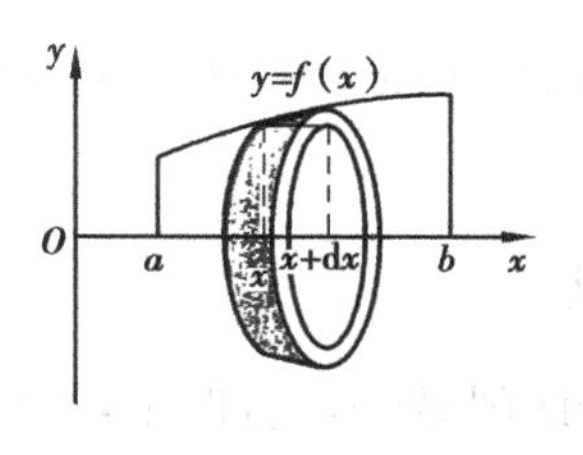

图 5.10

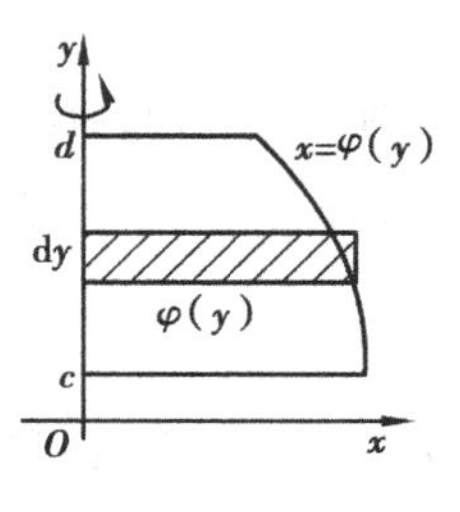

图 5.11

类似地，由连续曲线 $x=\varphi(y)$ 与直线 $y=c$，$y=d$ 及 y 轴围成的曲边梯形，绕 y 轴旋转一周而成的旋转体的体积为（见图 5.11）

$$V=\pi\int_c^d \varphi^2(y)\mathrm{d}y$$

例 5.16　设平面图形 D 由曲线 $y=2\sqrt{\pi}$ 与直线 $x=1$，$y=0$ 所围成.求：

①D 绕 x 轴旋转所得的旋转体体积；

②D 绕 y 轴旋转所得的旋转体体积.

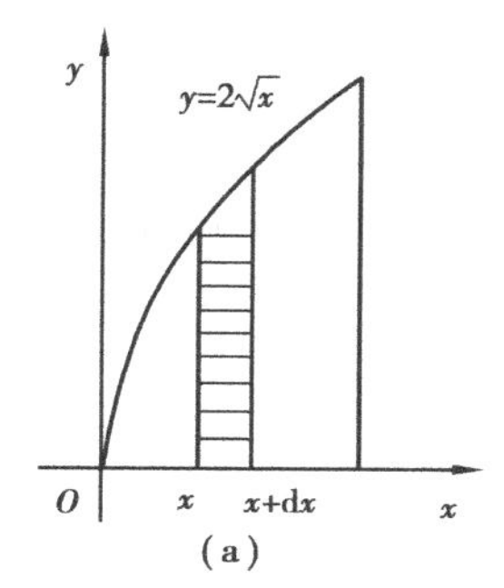

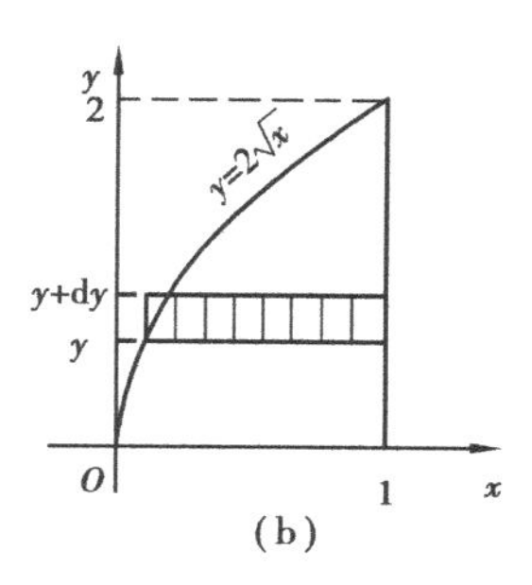

图 5.12

解　①如图 5.12(a)所示，任取积分区间 $[x,x+\mathrm{d}x]\subset[0,1]$，对应于小区间 $[x,x+\mathrm{d}x]$ 上的窄条绕 x 轴旋转所得的旋转体体积微元为

$$\mathrm{d}V=\pi\cdot(2\sqrt{x})^2\mathrm{d}x=4\pi x\mathrm{d}x$$

所以绕 x 轴旋转的旋转体体积为

$$V_x=4\pi\int_0^1 x\mathrm{d}x=4\pi\left(\frac{1}{2}x^2\right)\Big|_0^1=2\pi$$

②如图 5.12(b)所示，任取积分区间 $[y,y+\mathrm{d}y]\subset[0,2]$，对应于小区间 $[y,y+\mathrm{d}y]$ 上的窄条绕 y 轴旋转所得的旋转体体积微元为

$$\mathrm{d}V=\pi\cdot1^2\cdot\mathrm{d}y-\pi\left(\frac{1}{4}y^2\right)\mathrm{d}y=\pi\left(1-\frac{1}{16}y^4\right)\mathrm{d}y$$

于是，绕 y 轴旋转的旋转体体积为

$$V_y=\pi\int_0^2\left(1-\frac{1}{16}y^4\right)\mathrm{d}y=\pi\left[y-\frac{1}{80}y^5\right]=\frac{8}{5}\pi$$

习题 5.4

1.填空题：

(1)由曲线 $y=e^x$，$y=e$ 及 y 轴所围成平面图形的面积是____________.

(2)由曲线 $y=3-x^2$ 及直线 $y=2x$ 所围成平面图形的面积是____________.

(3)计算 $y^2=2x$ 与 $y=x-4$ 所围成平面图形的面积时，选用____________作为变量较为简便.

(4)连续曲线 $y=f(x)$ 与直线 $x=a$，$x=b$ 及 x 轴所围图形绕 x 轴旋转一周而成的旋转体体积为____________，绕 y 轴旋转一周而成的旋转体的体积为____________.

2.求由 $y=\sin x$，$x\in[0,\pi]$和 x 轴所围成的平面图形绕 x 轴旋转一周而成的旋转体的体积.

3.求由抛物线 $y=-x^2+4x-3$ 及其在点$(0,-3)$和$(3,0)$处的切线所围成的平面图形的面积.

5.5　定积分的其他应用实例

例 5.17(高尔夫球场问题)　某高尔夫球场为了修整，需要给草地施肥.若 1 kg 肥料可覆盖 40 m^2.问整个高尔夫球场球道需要肥料约多少？

分析：设高尔夫球场面积为 $S(\mathrm{m}^2)$，由已知所需肥料的总数为$\dfrac{S}{40}$(kg).因此只要求出球场的平面面积.下面利用定积分“分割”“近似”“求和”的思想，求出高尔夫球道面积的近似值.

将高尔夫球场沿球道长度方向分割为 10 等份，间距为 30 m，即 $\Delta x_i=30$，设宽度为 $f(x)$，测得球道宽度如表 5.1 所示.

表 5.1

球道长度 x_i/m	0	30	60	90	120	150	180	210	240	270	300
球道宽度 $f(x_i)$/m	0	24	26	29	34	32	30	30	32	34	0

现利用梯形近似曲边梯形，则第 i 个小曲边梯形的面积为

$$
\begin{aligned}
S_i &= \frac{1}{2}[f(x_i-1)+f(x_i)]\Delta x_i \\
&= \frac{30}{2}[f(x_i-1)+f(x_i)] \qquad i=1,2,\cdots,10
\end{aligned}
$$

故总面积为

$$
\begin{aligned}
S &= \sum_{i=1}^{10} S_i = 15\sum_{i=1}^{10}[f(x_i-1)+f(x_i)] \\
&= 15[f(x_0)+2f(x_1)+2f(x_2)+\cdots+2f(x_9)+f(x_{10})] \\
&= 15(48+52+58+68+64+60+60+64+68) \\
&= 8\ 130\ \mathrm{m}^2
\end{aligned}
$$

由于 $\frac{S}{40}=\frac{8\ 130}{40}=203.25$，因此本次高尔夫球场修整需要肥料 203.25 kg.

例 5.18(国民收入分配问题)　如图 5.13 所示称为劳伦茨(M.O.Lorenz)曲线.其中横轴 OH 表示人口(按收入由低到高分组)的累计百分比，纵轴 OM 表示收入的累计百分比，劳伦茨曲线为通过原点、倾角为 45°的直线.当收入完全不平等时，即极少部分(如 1%)的人口却占有几乎全部(100%)的收入，劳伦茨曲线为折线 OHL.当然，一般国家的收入分配既不会是完全平等，也不会完全不平等，而是在两者之间，即劳伦茨曲线是图中的凹曲线 ODL.

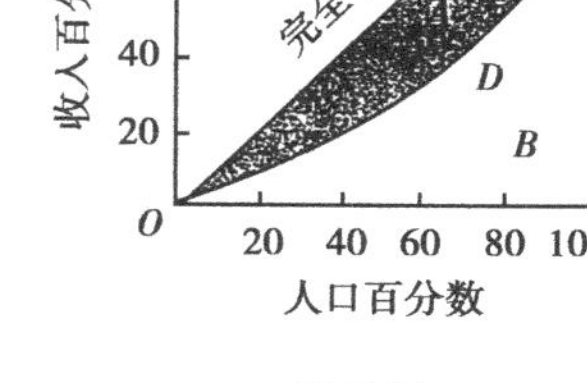

图 5.13

所以劳伦茨曲线与完全平等线的偏离程度(即图 5.13 中阴影部分)，决定了该

国国民收入分配的不平等程度.

取横轴 OH 为 x 轴,纵轴 OM 为 y 轴,再假定该国某一时期国民收入分配的劳伦茨曲线可近似表示为 $f(x)$,则图 5.13 中阴影部分的面积为

$$A=\int_0^1[x-f(x)]\mathrm{d}x=\frac{1}{2}x^2\Big|_0^1-\int_0^1 f(x)\mathrm{d}x=\frac{1}{2}-\int_0^1 f(x)\mathrm{d}x$$

即

$$\text{不平等面积}\ A=\text{最大不平等面积}\ (A+B)-B=\frac{1}{2}-\int_0^1 f(x)\mathrm{d}x$$

式中,系数 $\frac{A}{A+B}$ 表示一个国家国民收入在国民之间分配的不平等程度,称为基尼系数,记作 G,则

$$G=\frac{A}{A+B}=\frac{\frac{1}{2}-\int_0^1 f(x)\mathrm{d}x}{\frac{1}{2}}=1-2\int_0^1 f(x)\mathrm{d}x$$

显然,$G=0$ 时,是完全平等的情形;$G=1$ 时,是完全不平等的情形.

单元检测 5

1.填空题:

(1)设 $f(x)$ 为连续函数,则 $\int_{-a}^{a} x^2[f(x)-f(-x)]\mathrm{d}x=$______.

(2)设 $f(x)$ 有连续的导数,$f(b)=5$,$f(a)=3$,则 $\int_{-a}^{b} f'(x)\mathrm{d}x=$______.

(3)设 $F(x)=\int_0^x t\cos^2 t\mathrm{d}t$,则 $F'\left(\frac{\pi}{4}\right)=$______.

(4)设 $f(x)=\int_0^{x^2} t\sqrt[3]{1+t^2}\mathrm{d}t$,则 $f'(x)=$______.

(5)若 $\int_a^b \frac{f(x)}{f(x)+g(x)}\mathrm{d}x=1$,则 $\int_a^b \frac{g(x)}{f(x)+g(x)}\mathrm{d}x=$______.

2.选择题:

(1)设函数 $f(x)=x^3+x$,则 $\int_{-2}^{2} f(x)\mathrm{d}x$ 等于(　　).

A.0　　B.8　　C. $\int_0^2 f(x)\mathrm{d}x$　　D. $2\int_0^2 f(x)\mathrm{d}x$

(2)设函数 $f(x)$ 在区间 $[a,b]$ 上连续,则 $\int_a^b f(x)\mathrm{d}x-\int_a^b f(t)\mathrm{d}t$ (　　).

A.小于零　　B.等于零　　C.大于零　　D.不确定

(3)设 $f(x)$ 在 $[0,1]$ 上连续,令 $t=2x$,则 $\int_0^1 f(2x)\mathrm{d}x$ 等于(　　).

A. $\int_0^2 f(t)\mathrm{d}t$　　B. $\frac{1}{2}\int_0^1 f(t)\mathrm{d}t$　　C. $2\int_0^2 f(t)\mathrm{d}t$　　D. $\frac{1}{2}\int_0^2 f(t)\mathrm{d}t$

(4)设 $f(x)$ 在 $[-a,a]$ 上连续,则定积分 $\int_{-a}^a f(-x)\mathrm{d}x$ 等于(　　).

A.0　　B. $2\int_0^a f(x)\mathrm{d}x$　　C. $-\int_{-a}^a f(x)\mathrm{d}x$　　D. $\int_{-a}^a f(x)\mathrm{d}x$

(5) 设 $f(x)$ 为连续函数,则 $\int_{\frac{1}{n}}^n \left(1-\frac{1}{t^2}\right) f\left(t+\frac{1}{t}\right)\mathrm{d}t$ 等于(　　).

A.0　　B.1　　C. n　　D. $\frac{1}{n}$

(6)设函数 $f(x)$ 在区间 $[a,b]$ 上连续,则由曲线 $y=f(x)$ 与直线 $x=a,x=b,y=0$ 所围平面图形的面积为(　　).

A. $\int_a^b f(x)\mathrm{d}x$　　B. $\left|\int_a^b f(x)\mathrm{d}x\right|$

C. $\int_a^b |f(x)|\mathrm{d}x$　　D. $f(\xi)(b-a),a<\xi<b$

(7)设 $\int_0^x f(t)\mathrm{d}t=a^{2x}$,则 $f(x)$ 等于(　　).

A. $2a^{2x}$　　B. $a^{2x}\ln a$　　C. $2xa^{2x-1}$　　D. $2a^{2x}\ln a$

3.用适当方法计算下列定积分:

(1) $\int_1^{\mathrm{e}} \frac{\mathrm{d}x}{x(2x+1)}$　　(2) $\int_0^{\frac{\pi}{2}} \frac{\sin x\cos x}{1+\cos^2 x}\mathrm{d}x$

(3) $\int_0^4 \frac{1}{1+\sqrt{x}}\mathrm{d}x$　　(4) $\int_0^1 \frac{1}{x^2+x+1}\mathrm{d}x$

(5) $\int_0^{\frac{4}{3}} \frac{x+1}{\sqrt{x^2+1}}\mathrm{d}x$　　(6) $\int_0^{\pi} (x\sin x)^2\mathrm{d}x$

(7) $\int_0^{\frac{\pi}{2}} |\sin x-\cos x|\mathrm{d}x$　　(8) $\int_0^{\pi} \mathrm{e}^x\cos^2 x\,\mathrm{d}x$

4.求由曲线 $y=x^3$ 与 $y=\sqrt{x}$ 所围平面图形的面积.

5.过坐标原点作曲线 $y=\ln x$ 的切线，由该切线与曲线 $y=\ln x$ 及 x 轴围成平面图形记为 D：

①求 D 的面积 A；

②求 D 绕直线 $x=\mathrm{e}$ 旋转一周所得旋转体的体积.

第 6 章　数学实验：一元函数微积分

本章主要介绍 MATLAB 的入门知识、MATLAB 程序设计、符号运算基础、微积分符号运算以及应用实例等内容.

6.1　MATLAB 入门知识

MATLAB 源于 Matrix Laboratory(矩阵实验室),它的基本运算单位是矩阵,起初是一种专门用于矩阵运算的软件.后来,除了矩阵运算,它还具有图像处理的强大功能,还可实现绘制函数和数据、实现算法、创建用户界面、连接其他程序语言(如 C, FORTRAN, C++, AVA 等)的程序功能.因此,它在科学计算、工程计算、控制系统设计、数字信号处理与通信卫星、数字图像处理、信号检测及财务金融等领域应用广泛.

6.1.1　MATLAB 软件工作界面和窗口

在 MATLAB 7.0 系统环境下有两种操作方式,命令操作方式和文件操作方式.命令操作方式直接在命令窗口输入命令,完成简单计算任务或绘图任务;文件操作方式也称程序操作方式,需要在程序编辑窗口编写程序文件,然后在命令窗口运行程序.

MATLAB 7.0 默认设置的工作界面如图 6.1 所示.工作界面上有 3 个常用窗口:命令窗口(Command Window)、历史窗口(Command History)、工作空间窗口(Workspace).

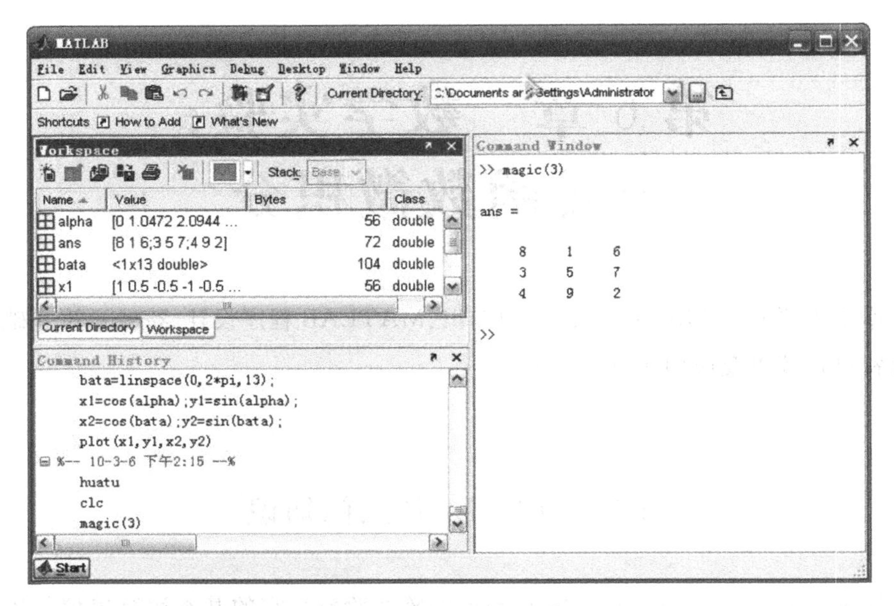

图 6.1　MATLAB 的工作界面

在命令窗口(Command Window)中,可键入各种命令和函数调用指令,并且逐行执行.例如,运行 MATLAB 命令

magic(3)

如图 6.1 所示,命令窗口中就会显示出 3 行 3 列矩阵,即

8　1　6

3　5　7

4　9　2

命令历史窗口(Command History)显示用户在命令窗口中所输入的每条命令的历史记录,并详细记录了命令使用的日期和时间,为用户提供所使用的命令的详细查询,如图 6.2 所示.

工作空间窗口(Workspace)是 MATLAB 的重要组成部分.它是用来显示当前计算机内存中 MATLAB 变量的名称、变量的数值、变量的字节及其类型,如图 6.2 所示.有关工作空间变量管理的常用命令如下:

who:列出当前工作空间中的所有变量.

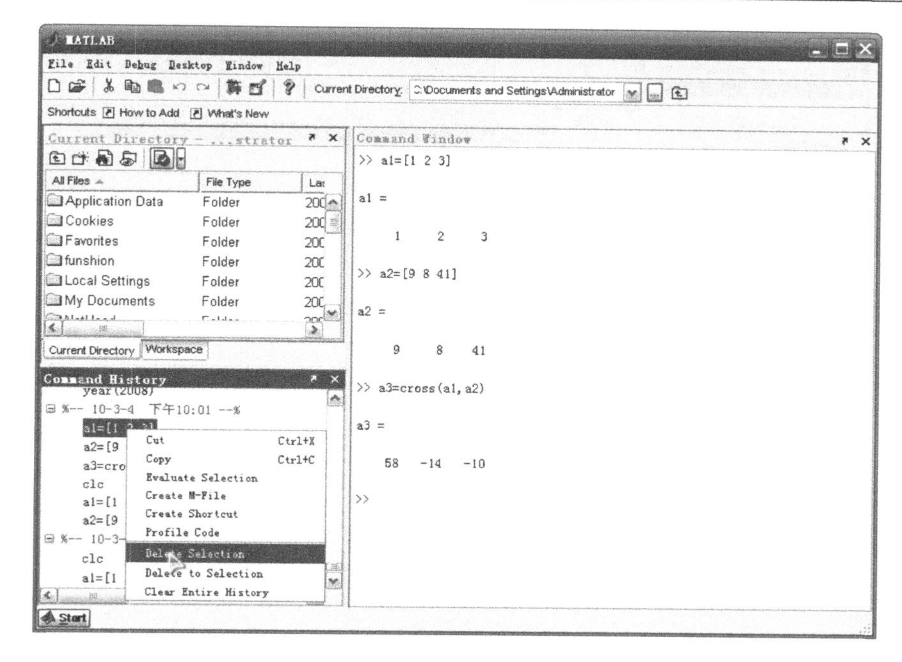

图 6.2

whos:列出变量的大小等详细信息.

clear:清除工作空间中所有的变量.

size,length:获取变量的大小.

图形窗口独立于 MATLAB 命令窗口,用来显示 MATLAB 所绘制的图形,这些图形既可以是二维图形,也可以是三维图形.用户可选择 File|New|Figure 命令进入图形窗口,此窗口将 MATLAB 绘图命令所产生的各种图形显示于计算机屏幕.其窗口形式如图 6.3 所示.

例如,在命令窗口直接使用 MATLAB 命令

```
>> load logo;
>> mesh(L)
```

最后按“Enter”键确认输入,此时系统会自动弹出图形窗口,如图 6.4 所示.

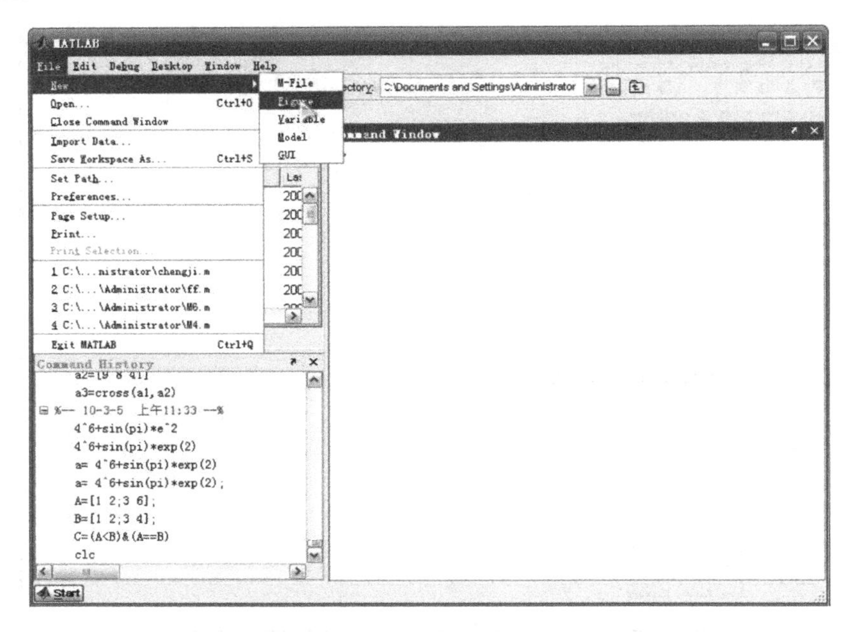

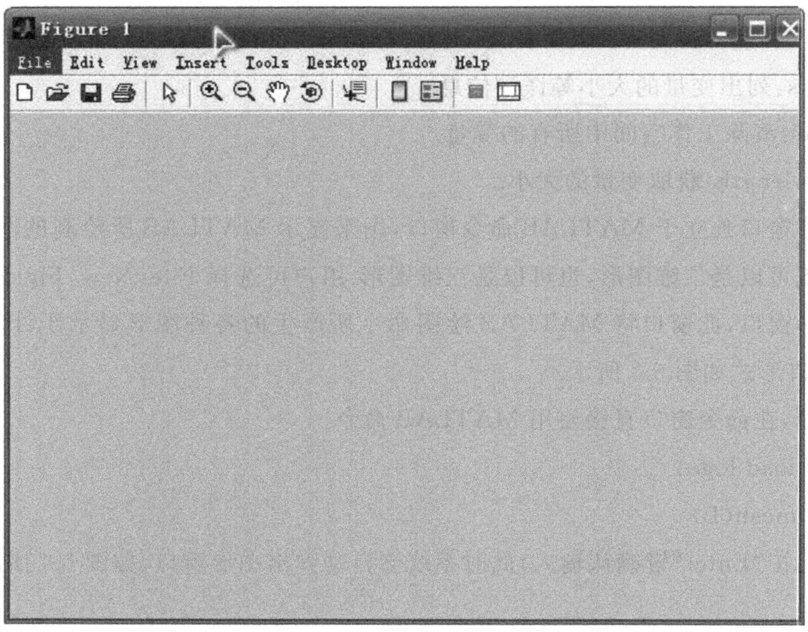

图 6.3　MATLAB 的图形窗口

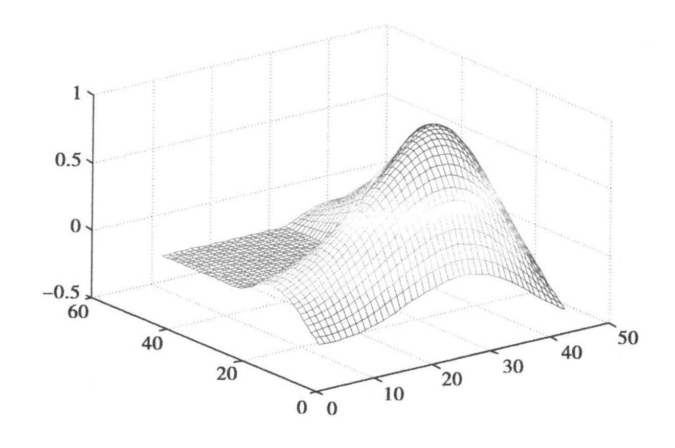

图 6.4　MATLAB 的徽标图形

6.1.2　MATLAB 语言基础

(1)变量

MATLAB 中的变量不需要作特殊声明,当数据(数据块)赋值给某个英文字母时,这个英文字母作为变量名就已经被自动定义了.与其他计算机语言不同的是,在 MATLAB 中变量使用前不必先定义变量类型,可即取即用.但是,MATLAB 中的变量命名也得遵循如下规则:

①变量名的第一个字符必须是英文字母,最多可包括 31 个字符.

②变量名可由英文字母、数字和下划线混合组成.

③变量名中不能包括空格和标点.

④变量名包括函数名区别字母的大小写.

⑤变量名不能用 MATLAB 中已经有的保留字.

MATLAB 也有一些自己的预定义变量,如表 6.1 所示.这些预定义变量驻留在内存中.MATLAB 没有限制用户使用上面这些预定义变量,用户可在 MATLAB 的任何命令中将这些预定义变量重新定义,赋予新值,重新计算.

表 6.1

Pi	圆周率的近似值
i,j	虚数单位,定义为 $i=j=\sqrt{-1}$
eps	计算机最小的数
Inf	无穷大,如 1/0
Realmin	最小的正实数
Realmax	最大的正实数
Flops	浮点运算数
NaN	非数,如 $0/0,\infty/\infty,0\times\infty$
Nargin	函数的输入变量数目
Nargout	函数的输出变量数目

(2)运算

MATLAB 的运算可划分为 4 类,即算术运算、关系运算、逻辑运算与函数运算.

算术运算符用来处理两个运算之间的数学运算,算术运算符及其意义如表 6.2 所示.表 6.2 中的点运算表示两个同阶数矩阵中的对应元素进行的算术运算.

表 6.2

运算符	意　义	运算符	意　义
+	矩阵相加	'	矩阵转置,对复数矩阵为共轭转置
—	矩阵相减	.'	数组转置
*	矩阵相乘	.*	矩阵/数组点乘
^	矩阵幂	.^	矩阵点幂
\	矩阵右除	.\	矩阵点右除
/	矩阵左除	./	矩阵点左除

关系运算用来比较两个运算之间的关系.关系运算符及其意义如表 6.3 所示.

表 6.3

运算符	意　义	运算符	意　义
<	小于	<=	小于等于
>	大于	>=	大于等于
==	等于	~=	不等于

逻辑运算用来处理元素之间的逻辑关系.逻辑运算符及其意义如表 6.4 所示.

表 6.4

<table>
<tr><th>符　号</th><th>意　义</th><th>符　号</th><th>意　义</th></tr>
<tr><td>&</td><td>与</td><td>~</td><td>非</td></tr>
<tr><td>&&</td><td>先决与</td><td>||</td><td>先决或</td></tr>
<tr><td>|</td><td>或</td><td>xor</td><td>异或</td></tr>
</table>

例 6.1　已知矩阵 $A=\begin{bmatrix}1 & 2\\3 & 6\end{bmatrix}$，$B=\begin{bmatrix}1 & 2\\3 & 4\end{bmatrix}$，对它们做简单的关系与逻辑运算.

解　在命令窗口输入：

```
>> A=[1 2;3 6];
>> B=[1 2;3 4];
>> C=(A<B)&(A==B)
C =
      0     0
      0     0
```

MATLAB 中常用的基本数学函数如表 6.5 所示.

在 MATLAB 系统中，数据类型包括数值型、逻辑型、字符串型、结构型、矩阵型等，所有的数据不管属于什么类型，都是以数组或矩阵的形式保存的.为保证较高的计算精度，在 MATLAB 中，最常用的数据是双精度浮点型(double)和字符串型(char).MATLAB 可利用菜单或 format 命令来调整数据的显示格式.format 命令的格式和作用如表 6.6 所示.

表 6.5 常用的基本数学函数

函数名	函数功能	函数名	函数功能
abs(x)	绝对值	angle(z)	复数 z 的相角
sqrt(x)	开平方	real(z)	复数 z 的实部
conj(z)	共轭复数	imag(z)	复数 z 的虚部
round(x)	四舍五入	fix(x)	舍去小数取整
rat(x)	分数表示	sign(x)	符号函数
gcd(x,y)	最大公因数	rem(x,y)	求 x 除以 y 的余数
exp(x)	自然指数	lcm(x,y)	最小公倍数
log(x)	自然对数	pow2(x)	以 2 为底的指数
log10(x)	10 底对数	log2(x)	以 2 为底的对数
sin(x)	正弦函数	asin(x)	反正弦函数
cos(x)	余弦函数	acos(x)	反余弦函数
tan(x)	正切函数	atan(x)	反正切函数
cot(x)	余切函数	acot(x)	反余切函数
sec(x)	正割函数	asec(x)	反正割函数
csc(x)	余割函数	acsc(x)	反余割函数

表 6.6

命令格式	作 用
format	5 位定点数表示
format short	5 位定点数表示
format short e	5 位定点数表示
format long	15 位定点数表示
format long e	15 位定点数表示
format short g	系统选择 5 位定点和 5 位浮点中更好的表示
format long g	系统选择 15 位定点和 15 位浮点中更好的表示

续表

命令格式	作　用
format rat	分数表示
format hex	十六进制表示
format +	分别用+、-和空格表示矩阵中正数、负数和零
format bank	元、角、分定点表示

在MATLAB中,字符串通过单引号' '输入,如'abc','123','sin(x)'等都是字符串,即用单引号' '括起来的内容就成为字符串.常用字符串函数列表如表6.7所示.

表6.7　常用字符串函数表

函数名	函数功能	函数名	函数功能
Int2str	整数变为字符串	Strcat	将字符串水平连接
Str2num	字符串变为数字	Abs	求字符串的ASCII码值
Upper	转换字符串为大写	Lower	转换字符串为小写
Strcmp	比较字符串	Strrep	替换字符串
Length	计算字符串的长度	Char	将ASCII码值转换为字符串
Double	查看字符串的ASCII码值	Class	判断某个变量是否为字符串

例6.2　3个名人Euler,Elizabeth,Plato职业分别是mathematician,movie star,philosopher,编写程序正确连接他们的名字和职业并输出.

解　在命令窗口输入:

```
n1='Euler';n2='Elizabeth';n3='Plato';
p1='mathematician';p2='movie star';
p3='philosopher';
s1=strcat(n1,'——',p1), s2=strcat(n2,'——',p2),
s3=strcat(n3,'——',p3)
```

例6.3　生肖问题——今年是鼠年还是狗年?

分析:将十二生肖的动物编号,如表6.8所示.

表 6.8

序号	1	2	3	4	5	6	7	8	9	10	11	12
名称	鼠	牛	虎	兔	龙	蛇	马	羊	猴	鸡	狗	猪

对给定的年份，要定位到 1 至 12 中的十二整数之一并不难.只需用年份数除以 12 所得余数即可定位.但是，该余数不一定与生肖中的动物序号一致.做简单实验：2010 年为虎年，2010 除以 12 余数为 6，十二动物排序中的 6 位是“蛇”而不是“虎”.另外，当余数是 0 时也无法定位.因此，程序设计时要将余数加 1 作为定位依据，同时十二动物的排序要做轮回处理，使虎位于第七，即猴、鸡、狗、猪、鼠、牛、虎、兔、龙、蛇、马、羊.

在 MATLAB 的命令窗口输入如下一段程序：

```
n=input('input n:=');
S='鼠牛虎兔龙蛇马羊猴鸡狗猪';              %创建字符串数组
k=rem(n-4,12)+1;                           %求年份除以 12 的余数
s=S(k);                                    %准确定位
s=strcat(int2str(n), '年是', s,'年')
```

按“Enter”键，出现提示符 input n:=后输入年份，回车便可得到计算结果，如输入“2010”，屏幕会显示：

```
s =
2010 年是虎年
>>
```

(3)数组和矩阵的创建

数组生成的常用方法有直接输入法、冒号表达式法和一元函数计算法.

1)直接输入法

在 MATLAB 中，生成数组最简单的方法是在命令窗口中按一定格式直接输入.输入的格式要求是：数组元素用“[　]”括起来；元素之间用空格、逗号或分号相隔.需要注意的是，用它们相隔生成的数组形式是不同的：用空格或逗号生成行数组，用分号生成列数组.

例 6.4　在命令窗口中直接输入数组.

解　在命令窗口输入：

```
>> a1=[1 2 4 8], a2=[1,2,3,4],a3=[1; 2; 3;4]
>> a1 =

        1       2       4       8
>> a2 =

        1       2       3       4
>> a3 =

        1
        2
        3
        4
>>
```

2)冒号输入法

冒号输入的基本格式为

$$x = x0 : step : xn$$

其中，x0 是初值，step 是步长，xn 是终值，而 x 是所创建的数组名称.

注 1：当步长 step=1 时，可以省略表达式中的第二项，直接使用

$$x = x0 : xn$$

注 2：当初值大于终值时，步长 step 应该为负数.

例 6.5　冒号生成数组.

解　在命令窗口输入：

```
>> a1=2:2:20,a2=20:-2:2
>> a1 =

        2   4   6   8   10   12   14   16   18   20
>> a2 =

        20   18   16   14   12   10   8   6   4   2
>>
```

3)linspace 函数生成法

linspace 函数是一个线性等分数组函数，基本格式为

$$x = \text{linspace}(x0,\ xn,\ n)$$

其中，x 表示生成的数组；x0 表示第一个元素；xn 表示最后一个元素；n 表示生成数组元素的个数，系统默认为 100.例如：

```
a1=linspace(10,60,4)
a1 =
    10.0000   26.6667   43.3333   60.0000
```

矩阵的生成方式通常有 4 种：

①在命令窗口直接输入矩阵元素.

②通过函数生成特殊矩阵.

③在 M 文件中建立矩阵.

④从外部数据文件中导入矩阵.

在命令窗口中，直接输入矩阵是最简单、最常用的创建数值矩阵的方法，比较适合于创建较小的简单矩阵.把矩阵的元素直接排列到方括号中，每行内的元素用空格或逗号相隔，行与行之间的内容用分号相隔.例如：

```
A=[1 2 3;6 5 4]
A =
     1     2     3
     6     5     4
```

或

```
>> A=[1,2,3;3,4,5]
A =
     1     2     3
     3     4     5
>>
```

例 6.6　在命令窗口输入：

```
>> A=[0.2 sqrt(5)0.1 * 1.2 * 3+5]
```

则显示结果为

```
A =

    0.2000    2.2361    5.3600
```

在工程计算中，常用到各种特殊矩阵，如零矩阵、单位矩阵和全“1”矩阵等. MATLAB 提供了创建常用特殊矩阵的函数，如表 6.9 所示.

表 6.9　特殊矩阵创建函数表

zeros(m,n)	$M\times n$ 阶零矩阵
eye(m,n)	$M\times n$ 阶单位矩阵
ones(m,n)	$M\times n$ 阶全 1 矩阵
rand(m,n)	$M\times n$ 阶随机矩阵
randn(m,n)	正态随机数矩阵
hilb(n)	N 阶 Hilbert 矩阵
invhilb(n)	逆 Hilbert 矩阵
pascal(n)	N 阶 Pascal 矩阵
vander(C)	由向量 C 生成范德蒙矩阵
magic(m,n)	$M\times n$ 阶魔方矩阵矩阵
triu(A)	由矩阵 A 生成上三角矩阵
tril(A)	由矩阵 A 生成下三角矩阵
trace(A)	返回矩阵 A 的迹(对角线元素的和)
diag(A)	返回矩阵 A 的对角线元素构成的向量
flipud(A)	矩阵上下翻转
fliplr(A)	矩阵左右翻转
rot90(A)	矩阵整体逆时针旋转 90°

(4)图形的绘制

利用函数表中的数据绘图是 MATLAB 中一元函数绘图的基本方法.常用的使用格式为

```
plot(x, y)
```

其中,x 是自变量数据和 y 是函数值数据,且 x 与 y 是同维的一维数组.

注 1:如果 y 是一个数组,函数 plot(y)绘制直角坐标的二维图,以 y 中元素的下标作为 X 坐标,y 中元素的值作为 Y 坐标,一一对应地画在 X-Y 坐标平面上.

注 2:在 plot 后使用多输入变量的语句:plot(x1, y1,x2,y2,…,xn, yn),其中,x1, y1,x2,y2,…,xn, yn 分别为数组对.每一对 X-Y 数组可以绘制一条曲线,这样就可以在一张图上画出多条图线.

注 3:plot()命令是二维图形绘制的基本命令,当自变量数据取得细密时,所绘制的曲线就表现光滑,自变量点取得稀疏时,所绘制曲线就表现粗糙.

注 4:如果对曲线的颜色和线型有特殊要求,则应该用下面格式

plot(x,y, 's')

这一格式中单引号内的字符 s 是类型说明参数,用于控制所绘制图形的颜色和线型,控制参数分 3 类,包括颜色、点型和线型.如果用绘图命令时省略了类型说明参数,则颜色由系统自动选取,默认的线型为实线,通常是将颜色和线型参数结合使用放入单引号中,参数的符号和意义分别如表 6.10 所示.

表 6.10　图形控制选项列表

s 取值	颜色	s 取值	点型名	s 取值	线型名
Y	黄	.	点	:	点线
M	洋红	O	小圆	—.	点画线
C	青色	X	X 标记	--	虚线
R	红	+	加号	_	实线
G	绿	*	星号		
B	蓝	S	小方框		
W	白	D	小菱形		
K	黑	P	五角星		

注 5: MATLAB 中的第 1 幅图随 plot 命令自动打开,以后的 plot 命令都画在同一图形窗口中.如果将不同的图形绘制在不同的图形窗口,利用函数 figure 打开新的图形窗口.有了顺序为 1,2,3,…的几个图形窗口后,即键入命令 figure(i),其

中 i 取 1,2,3,…,再用 plot 语句,就指明此图绘制在第 i 个图形窗口.否则,所有的图形都会绘制在最后显示的图形窗口上.

例 6.7　利用绘图方法绘衰减振荡函数 $y=e^{-0.5x}\sin 5x$ 的图形并用虚线表示振幅衰减情况.

解　在命令窗口输入:

```
x=0:0.1:4*pi;
y=exp(-0.5*x);
y1=y.*sin(5*x);
figure(1), plot(x,y)                      %绘制函数 y=e^(-0.5x) 的图形
figure(2), plot(x,-y)                     %绘制函数 -y=-e^(-0.5x) 的图形
figure(3), plot(x,y1)                     %绘制函数 y1=e^(-0.5x)sin 5x 的图形
figure(4), plot(x,y1,x,y,'-r',x,-y, '-r')
                                          %合并前面3个图形,并将函数的图形 y=
                                           e^(-0.5x) 和 -y=-e^(-0.5x) 以红色虚线显示
```

得到的图形如图 6.5 所示.

注 6:plot 函数根据坐标参数自动确定坐标轴的范围.但用户可根据需要用坐标控制命令 axis 来控制坐标的特性,其基本格式为

```
axis ([xmin xmax ymin ymax])    %设置横坐标与纵坐标的起始值与终止值
```

用户根据自己需要可用 grid 命令来设置坐标背景网格,其基本用法为

```
grid on                         %显示网格线
grid off                        %去掉网格线
grid                            %切换有无网格状态
```

注 7:图形标识,可分为图名标注、坐标轴标注、图例标注和文字注释.图形标识命令和含义如表 6.11 所示.

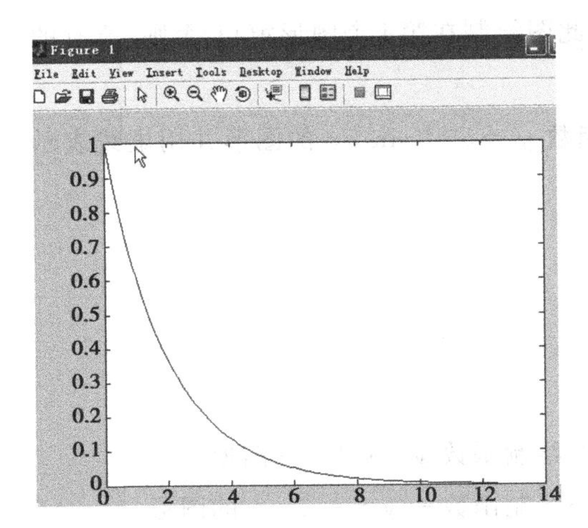

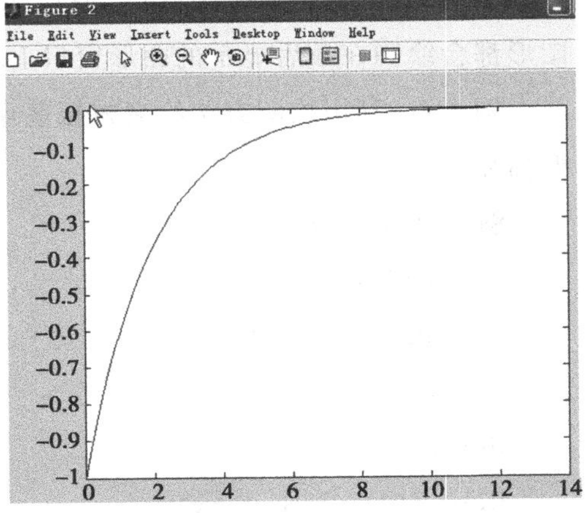

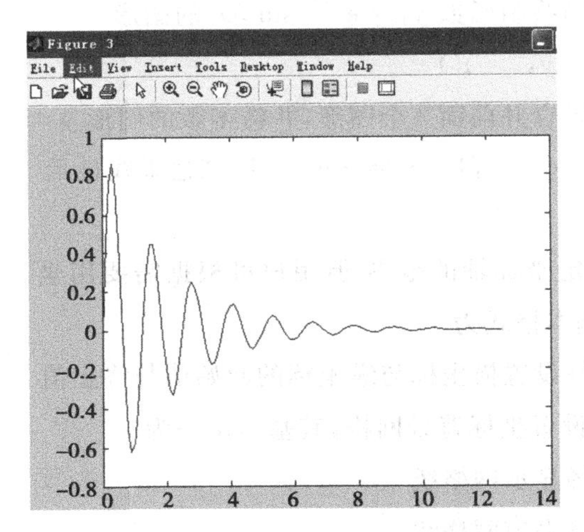

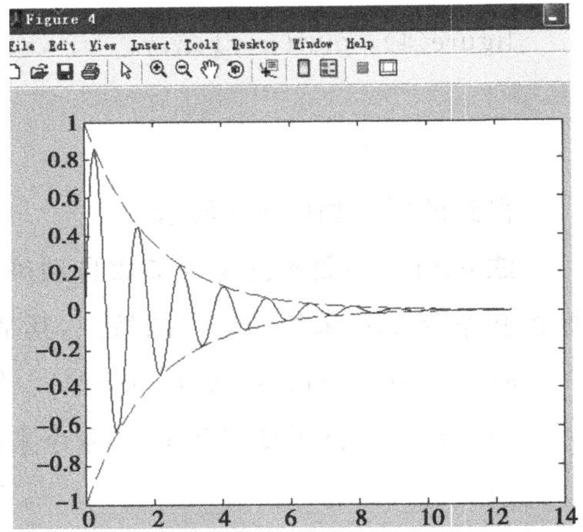

图 6.5

表 6.11

图形标识命令	含　义
title('string')	给全图标注标题
xlabel('string')	对 x 轴标注名称
ylabel('string')	对 y 轴标注名称
tex(x,y,'string')	在(x,y)处书写文字注释
legend('string1','string2',…)	为图形添加图例

一元函数的绘图还有函数绘图法.函数绘图方法是直接针对函数进行,被操作的函数可以是 MATLAB 的内部函数、外部函数、用户定义的内嵌函数或者用户创建的函数文件函数,其格式为

fplot(fun, [xmin, xmax, ymin, ymax])

或

ezplot(fun, [xmin, xmax, ymin, ymax])

方括号中,4 个数据是图形窗口中显示二维直角坐标系下曲线的范围.

在解决实际问题时,如果频繁使用同一个数学表达式,则应该定义一个临时函数以方便操作.其定义格式为

函数名 = inline(′表达式′)

例 6.8　用函数绘图方法绘制函数 $f(x)=x\ \sin(1/x)$的图形.

解　在命令窗口中输入:

```
>> fun=inline('x. * sin(1./x)')
fplot(fun,[-0.1,0.1])
```

图形窗口将显示函数图形如图 6.6 所示.

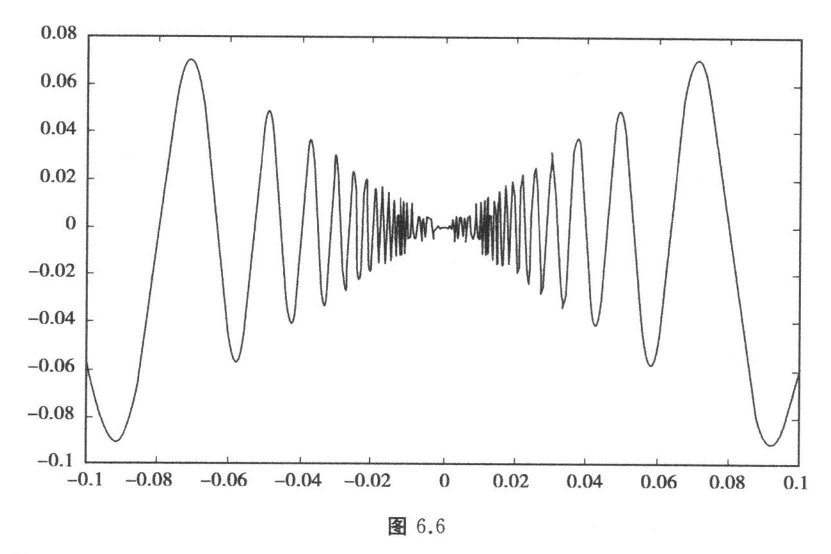

图 6.6

函数图形表明,该函数当 x 趋于零时,函数值以高频振荡形式趋于零.当自变量趋于无穷大时,函数值振荡加剧.

在实际工作中,有时需要将多个图形绘制在同一窗口中,即需要对图形窗口进行分割,分割图形窗口的工作由函数 subplot( )设置的,该函数的命令格式为

subplot (n,m,k)

其中,n 和 m 分别代表将图形窗口分割成 $n\times m$ 个绘图区域,并选择第 k 个区域为激活区域.子图的编号是沿着第 1 行从左到右,再接着第 2 行的顺序进行的.

例 6.9　在同一图形窗口中绘制三角函数 sin(x),cos(x),cot(x)及 tan(x).

解　运行程序:

```
x=linspace(0,4*pi,100);
y1=sin(x);
y2=cos(x);
y3=sin(x)./(cos(x)+eps);
y4=cos(x)./(sin(x)+eps);
subplot(2,2,1); plot(x,y1),title('sin(x)');
subplot(2,2,2); plot(x,y2),title('cos(x)');
subplot(2,2,3);   plot(x,y3),title('sin(x)/cos(x)');
subplot(2,2,4); plot(x,y4), title('cos(x)/sin(x)');
```

得到的图形如图 6.7 所示.

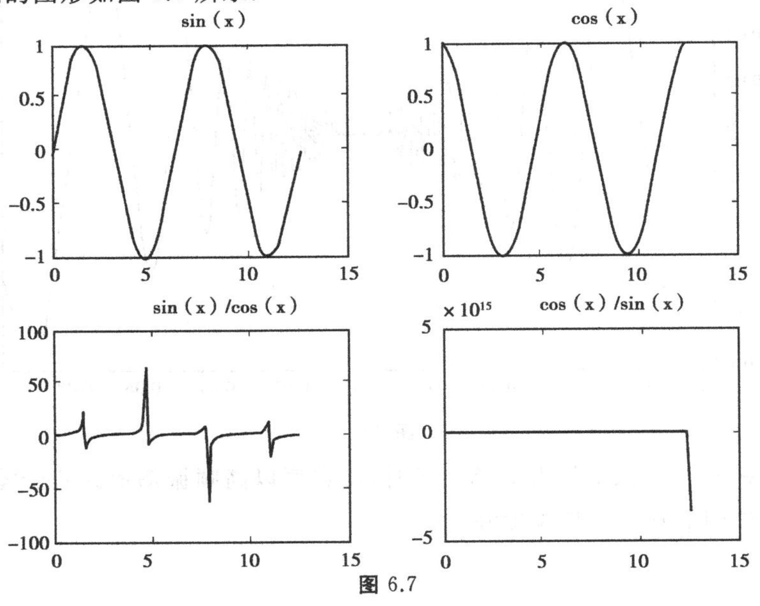

图 6.7

另外,MATLAB 还提供了具有特殊意义的图形绘制函数,表 6.12 给出了常用的特殊应用二维图形函数及意义.

表 6.12

函　数	意　义
bar(x,y)	二维条形图,其中 x,y 输入的是数组
area(x,y)	面积图,其中 x,y 输入的是数组或矩阵
stairs(x,y)	阶梯图,其中 x,y 输入的是数组或矩阵
pie(x)	扇形图,其中 x 输入的是数组或矩阵
stem(x,y)	火柴杆图,其中 x,y 输入的是数组或矩阵
feather(U,V)	羽毛图,其中,U 是角度数据向量,V 是矢量数据向量
fill(x,y)	填充图,其中 x,y 输入的是数组或矩阵
comet(x,y)	彗星状图,其中 x,y 输入的是数组
polar(theta,rho)	极坐标图,其中 theta 输入的是极角向量,rho 输入的是极半径向量

例 6.10　利用函数 bar 绘制某城市某年 12 月份平均气温数据的条形图,如图 6.8 所示.

```
x=1:12;y=[-12 -6 4 11 23 26 30 21 15 12 3 1];
bar(x,y), xlabel('月份'),ylabel('温度'),title ('气温表')
```

例 6.11　利用函数 pie 绘制某班学生成绩优秀、良好、及格、不及格 4 个等级所占比例的扇形图,如图 6.9 所示.

```
x=[10 40 42 8];
exploade=[1 0 0 1]                    %与 x 同样大小的向量
pie(x, exploade)
title ('成绩分布图')
```

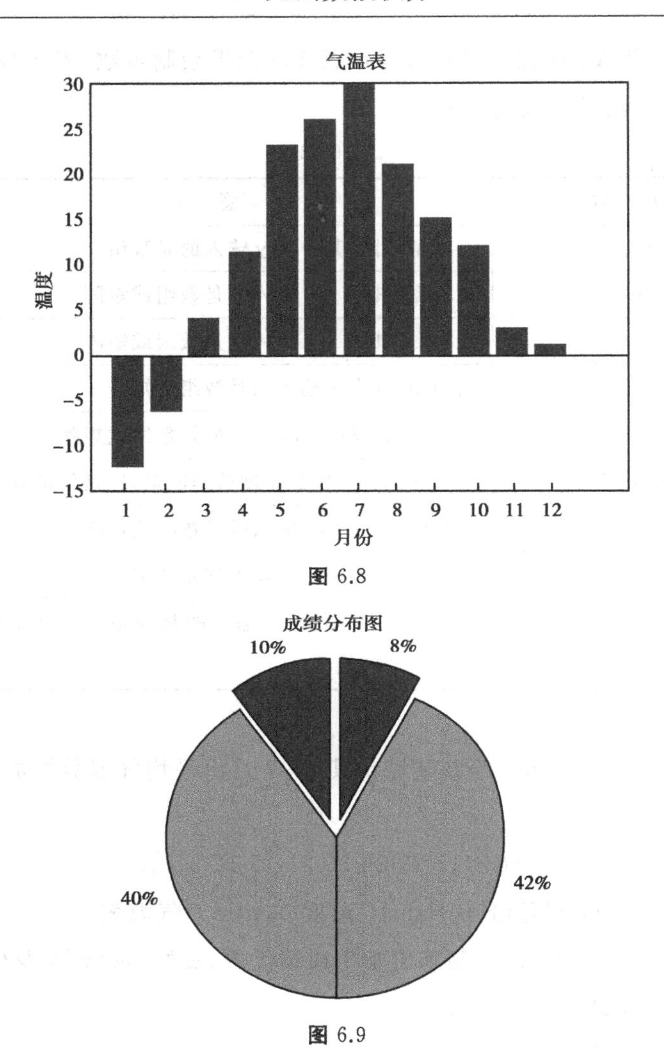

图 6.8

图 6.9

6.2　MATLAB 程序设计

程序设计是科学计算语言的主要应用，MATLAB 提供了丰富的程序设计结构和相应的指令语句.MATLAB 的程序保存后为以.m 为扩展名的文件，简称 M 文件.

6.2.1　M 文件的基本格式

①命令文件没有输入参数,也不返回输出参数,而函数文件可带输入参数,也可返回输出参数.

②命令文件对 MATLAB 工作空间的变量进行操作,文件中所有命令的执行结果也完全返回到工作空间中,而函数文件中定义的变量为局部变量,当函数文件执行完毕时,这些变量被消除.

③命令文件可直接执行,在 MATLAB 命令窗口输入命令文件的名字,就会按顺序执行命令文件中的命令,而函数文件不能直接运行,要以函数调用的方式来调用.

6.2.2　M 文件的建立与打开

选择菜单命令 file→new→M-file,屏幕上将出现 MATLAB 文本编辑器窗口.启动 MATLAB 文本编辑器后,在文档窗口输入 M 文件的内容,输入完毕后,选择菜单命令 file→save 存盘.注意,M 文件存放的位置一般是 MATLAB 缺省的用户工作目录 C:\ MATLAB\work.

在 MATLAB 主窗口中,选择菜单命令 File→Open,则屏幕出现 Open 对话框,在 Open 对话框中,选定所需打开的 M 文件,在文档窗口可以打开的 M 文件进行编辑修改,编辑完成后,将 M 文件存盘.

6.2.3　M 函数文件

M 函数文件的格式一般形式如下:

function [输出变量列表]=函数名(输入变量列表)

函数主体语句段.

编写 M 函数文件必须注意以下 5 点:

①函数文件的第一行必须按特定格式书写.

②函数内所有变量是局部变量,既不影响其他 M 文件中同名变量,也不被其他 M 文件中同名变量所影响函数文件中的输出变量要等于某个确定的表达式.

③函数名要求用英文字母开始，且与文件名同名.

④圆括号内的输入变量名用于传输数据.

⑤函数文件必须在编辑窗口编写.

函数文件与命令文件的主要区别在于：函数文件一般都要带参数，都要有返回结果，而命令文件没有参数与返回结果；函数文件使用之后，所有的临时变量都被自动删除，只保留有用数据.

例 6.12　已知一元函数 $y=3x^3+2x^2+x+20$，试编写程序求 $y(1)+y^2(2)+y^3(3)$.

解　打开编辑窗口建立一个 M 函数文件：jie.m

```
function y=jie(x)
y=3*x^3+2*x^2+x+20
```

将该 M 文件以文件名 jie.m 保存在 work 文件夹中，在命令窗口运行该文件.

在命令窗口输入

```
x1=1;x2=2;x3=3;
y1= jie(x1);
y2=( jie(x2))^2;
y3=( jie(x3))^3;
y1+y2+y3
```

运行结果如下：

```
y =
    26
y =
    54
y =
    122
ans =
    1818790
```

例 6.13　设地球半径 6 400 km，以 150 经差绘三维地球，如图 6.10 所示.

```
function earthface()
R=6 400;
[theta,fai]=meshgrid(-90:15:90,-180:15:180);
theta = theta * pi/180; fai = fai * pi/180;
X=R * cos(theta). * cos(fai);
Y=R * cos(theta). * sin(fai);
Z=R * sin(theta);
colormap([0 0 1])
mesh(X,Y,Z),axis off
```

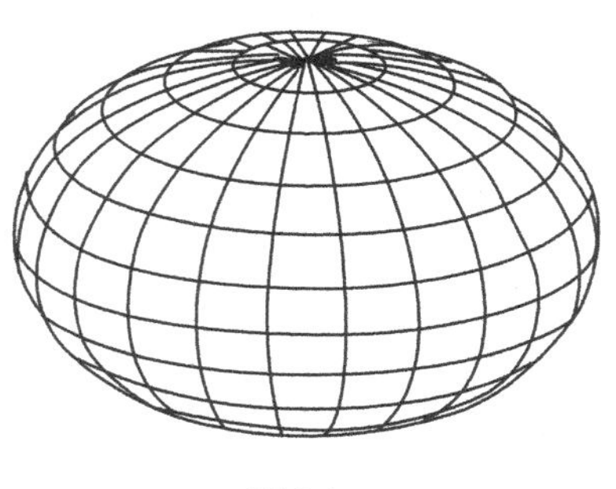

图 6.10

6.2.4　程序流程结构

MATLAB 的程序结构包括顺序控制结构、条件控制结构、分支控制结构、循环控制结构.

(1)顺序结构

顺序结构是最简单的程序,用户在编写好程序后,系统将按照程序的物理位置顺序执行.因此,这种顺序比较容易编写.

例 6.14　建立一个顺序结构的程序文件.

解　打开编辑窗口，编写命令式 M 文件如下：

```
a=1;
b=2;
c=3;
s1=a+b
s2=s1+c
s3=s2/s1
```

然后,将该文件以文件名 shunxu1.m 保存在 work 文件夹中,再在命令窗口输入 shunxu1,并按“Enter”键确认,即可得到如下结果.

```
>> shunxu1
s1=
    3
s2=
    6
s3=
    1
>>
```

(2)条件控制结构

```
①if (变量逻辑条件式)      %逻辑条件为真,执行条件语句组
条件语句组
end
②if (变量逻辑条件式)
    条件语句组 1
else
    条件语句组 2
end
```

例 6.15　闰年判断程序设计.编写程序实现如下功能,对任意输入的年份四位数,判断当年是否为闰年,并根据判断结论,输出字符串"是闰年"或"不是闰年".

分析:判断闰年程序的条件有两个:能被 4 整除,但不能被 100 整除;能被 4 整除,又能 400 整除.满足两个条件中的任何一个都可以判断为闰年,两个条件都不满足则不是闰年.

解　在编辑窗口编写如下的命令式 M 文件:

```
year=input('input year:=');
n1=year/4;
n2=year/100;
n3=year/400;
if n1==fix(n1)&n2~=fix(n2)          %判断第一个条件是否成立
```

```
    disp('是闰年')
    elseif n1==fix(n1)&n3==fix(n3)        %判断第二个条件是否成立
    disp('是闰年')
else
    disp('不是闰年')
end
```

将该文件以文件名 calendar.m 存在 work 文件夹中.

命令窗口输入 calendar，并按"Enter"键确认，得到如下结果：

input year：=

如输入"2008"并回车，将显示"是闰年".

(3)分支控制结构

```
switch 开关语句
  case 条件语句 1，
  执行语句组 1
  case 条件语句 2
  执行语句组 2
  …
  otherwise，
执行语句组
end
```

在上面的分支结构中，开关表达式依次与 case 表达式相比较.当开关表达式的值等于某个 case 语句后面的条件时，程序将转移到该语句段中执行.执行完成后程序转出整个开关体继续向下执行.如果所有的条件语句与开关条件都不相符合时，系统将执行 otherwise 后面的语句.

例 6.16　编写一个转换成绩等级的函数文件，其中成绩等级转换标准为考试成绩分数在[90，100]分显示优秀；在[80，90)分显示良好；在[60，80)分显示及格；在[0，60)分显示不及格.

解　打开 M 文件编辑窗口，输入如下程序：

```
function result=chengji(x)
n=fix(x/10);
switch n
   case {9,10}
   disp('优秀')
   case 8
   disp('良好')
   case {6,7}
   disp('及格')
   otherwise
   disp('不及格')
end
```

将上面的程序以文件名为 chengji.m,在命令窗口运行程序,调用 M 函数文件判断 99 分,56 分,72 分各属于哪个范围.

则运行的结果如下:

```
Chengji(99)↙
优秀
Chengji(56)↙
不及格
Chengji(72)↙
及格.
```

(4)循环控制结构

MATLAB 语言提供了两种循环方式,即 for 循环和 while 循环.

①for 循环

```
for i=表达式,
        执行语句,……,执行语句
end
```

它的表达式是一个向量,其形式可以是 m:s:n;其中 m,s 和 n 可以为整数、小数或负数.但是当 n>m 时，s 必须为大于 0 的数；而当 n<m 时，s 必须为小于 0 的数.因为只有这样，表达式才能组成一个向量.表达式也可以为 m:n 这样的形式，此时，s 的值默认为 1，n 必须大于 m.

例 6.17　for 循环的使用.

解　打开 M 文件编辑窗口，输入如下程序，并将函数命名为 xx.

```
>> for i=1:1:10
x(i)=i^2
end
>> x
x=
1   4   9   16   25   36   49   64   81   100
```

②while 循环

```
while 表达式
   执行语句
end
```

在这个循环中，只要表达式的值不为 flase，程序就会一直运行下去.用户必须注意的是，当程序设计出了问题，如表达式的值总是 true 时，程序将陷入死循环.因此，在使用 while 循环时，一定要在执行语句中设置使表达式的值为 flase 的情况.

例 6.18　$3n+1$ 问题：对任一自然数 n，按如下法则进行运算：若 n 为偶数，则将 n 除 2；若 n 为奇数，则将 n 乘 3 加 1.将运算结果按上面法则继续运算，重复若干次后结果最终是 1.

解　打开 M 文件编辑窗口，输入如下程序，并将函数命名为 while1.m：

```
n=input('input  n=');                    %输入数据
while n~=1
    r=rem(n,2);                          %求 n/2 的余数
    if r = =0
           n=n/2                         %第一种操作
    else
```

```
        n=3*n+1                          %第二种操作
    end
end
```

另外,MATLAB 中还包含一些流程控制语句.

break　　中止上一层循环;

pause　　暂停,按任意键继续;

end　　　结束各种块结构.

例 6.19　用试商法判别素数.

```
n=input('input n:=');
for k =2:n
    if mod(n,k)==0,break,end          %中止循环
end
if k <n
    disp('不是素数')
else
    disp('是素数')
end
```

6.3　符号运算基础

符号运算是对还没有赋值的符号对象,如常数、变量、表达式等,进行运算处理,并将所得的结果以标准的符号形式来表示.符号运算可得到比数值运算更一般的结果.

6.3.1　符号对象的创建

参与符号运算的对象可以是符号变量、符号表达式或符号矩阵.在进行符号运算时,首先要定义基本的符号对象,然后利用这些基本符号对象去构成新的表达

式,从而进行所需的符号运算. 在 MATLAB 中,可使用 sym 和 syms 这两个函数来创建和定义基本的符号对象.

(1)符号变量的定义

1)sym 函数

sym 函数的主要功能是创建单个符号数值、符号变量、符号表达式或符号矩阵. sym 的一般使用格式为 x = sym ('x'),表示由单引号内的 x 创建一个名为 x 的符号对象. 如果输入量 x 是字符或字符串,结果就是创建了一个符号变量 x;如果输入量 x 是一个常数,结果是创建了一个符号常量 x;如果输入量 x 是一个矩阵,结果是创建了一个符号矩阵 x. 例如:

```
a= sym ('a')                    % 定义了符号变量 a
b= sym ('1/3')                  % 定义了符号常量 b
F= sym ('[1,xy,z,w]')           % 定义了符号矩阵 F
```

值得注意的是,如果输入量 x 是不存在的变量,此处的单引号不可省略. 如果已存在变量 A,可以利用命令 S= sym (A)来创建符号对象 S. 带属性的使用格式为:S= sym (A, flag),可将数值或矩阵转化为符号形式,其中 flag 选项有 4 项参数 *'r'*, *'d'*, *'e'*, *'f'*,其属性如表 6.13 所示.

表 6.13

Flag	属　性	
'r'	(rational 的缩写)	最接近的有理数
'd'	(decimal 的缩写)	最接近的十进制数
'e'	(estimate error 的缩写)	有理数逼近后的误差
'f'	(floating point 的缩写)	最接近的十六进制数

例 6.20　考察符号变量与数值变量的差别.

```
>> a=sym('a'); b=sym('b'); c=sym('c'); d=sym('d');
                                % 定义了 4 个符号变量
>> x=10; y=5; z=-8; w=11;       % 定义了 4 个数值变量
>> A=[a,b;c,d]                  % 建立符号矩阵 A
```

```
>> B=[x,y;z,w]                    % 建立数值矩阵 B
>> m=det(A)                       % 计算符号矩阵 A 的行列式
>> n=det(B)                       % 计算数值矩阵 B 的行列式
```

输出结果为：

```
A=[a,b]
  [c,d]
B=10    5
  -8   11
m=ad-bc
n=150
```

例 6.21 考察用不同命令形成符号常量的差异.

```
>> a1=[1/3,pi/7,sqrt(5),pi+sqrt(5)]
>> a2=sym([1/3,pi/7,sqrt(5),pi+sqrt(5)])
>> a3=sym('[1/3,pi/7,sqrt(5),pi+sqrt(5)]')
>> a23=a2-a3
```

输出结果为：

```
a1 =     0.3333    0.4488    2.2361    5.3777
a2 =[  1/3,  pi/7,  sqrt(5),  6054707603575008 * 2^(-50)]
a3 =[  1/3,  pi/7,  sqrt(5),  pi+sqrt(5)]
a23 =[ 0, 0, 0, 189209612611719/35184372088832-pi-5^(1/2)]
```

例 6.22 比较符号常量与数值变量在代数运算时的差异.

```
>> pi1=sym('pi'); k1=sym('8');
>> pi2=pi; r1=8;
>> x1=sin(pi1/3)
>> x2=sin(pi2/3)
>> y1=sqrt(k1)
>> y2=sqrt(r1)
```

输出结果为：

```
x1 = 1/2 * 3^(1/2)
```

x2 =0.8660

y1 = 2 * 2^(1/2)

y2 = 2.8284

2)syms 函数

syms 函数可以在一个语句中同时创建多个符号变量,这些符号变量的值就是变量本身,常用的格式为:syms x1 x2 … xn ,将 x1,x2,…,xn 定义为符号变量,其作用等价于 x1=sym('x1'); x2=sym('x2'); …; xn=sym('xn');使用时要注意符号变量之间要用空格隔开,不能用逗号. 另外,syms 不能用来创建符号常量.

(2)符号表达式的创建

符号表达式由符号变量、函数、算术运算符等组成. 创建符号表达式有 3 种方法:

①利用单引号生成符号表达式:y='1/sqrt(2 * x)'.

②利用 sym 函数建立符号表达式:z=sym('x^2-3 * y+2 * x * y+6').

③使用已定义的符号变量组成符号表达式:

syms x y;z= x^2 - 3 * y + 2 * x * y + 6

6.3.2　符号表达式的运算

符号运算采用的算术运算符,在名称和使用上,都与数值计算中的运算符完全相同,而对函数运算中常用的命令如表 6.14 所示.

表 6.14

命　令	功　能
[n,d]=numden(a)	提取符号表达式 a 的分子和分母,并将其存放于 n 和 d 中
n=numden(a)	提取符号表达式 a 的分子和分母,只将分子存放于 n 中
compose(f,g)	返回复合函数 f(g(y))
finverse(f)	返回符号函数 f 的反函数
Factor(f)	对符号表达式 f 进行因式分解
expand(f)	对符号表达式 f 进行展开
collect(f)	合并符号表达式 f 的同类项

续表

命　令	功　能
simplify(f)	对符号表达式 f 进行化简
simple(f)	寻求符号表达式 f 的最简形式
Pretty(f)	将符号表达式 f 按数学方式显示
subs(s,'old','new')	用 new 替换符号表达式 s 中的 old

例 6.23　熟悉基本的符号运算操作命令.

```
>> f1 =sym('(exp(x)+x) * (x+2)'); f2 = sym('a^3-1');
>> f3 = sym('1/a^4+2/a^3+3/a^2+4/a+5'); f4 = sym('sin(x)^2+cos(x)^2');
>> collect(f1)
```

输出结果为:

```
ans =x^2+(exp(x)+2) * x+2 * exp(x)
>> expand(f1)
```

输出结果为:

```
ans = exp(x) * x+2 * exp(x)+x^2+2 * x
>> factor(f2)
```

输出结果为:

```
ans = (a-1) * (a^2+a+1)
>> [m,n]=numden(f3)
```

输出结果为:

```
m =1+2 * a+3 * a^2+4 * a^3+5 * a^4
n =a^4
>> simplify(f4)
```

输出结果为:

```
ans =1
```

符号运算可获得任意精度的解,但同时也需要耗费较多的资源. 在 MATLAB

中，一个数值变量只占用 8 个字节，而一个简单的符号变量要占用 126 个字节，由符号表达式创建的符号变量占用的空间会更多.

例 6.24　利用 whos 命令观察数值变量与符号变量占用空间的差别.

```
>> syms R
>> C=pi;
>> S=4 * C * R^2;
>> V=4 * C * R^3/3;
>> whos
```

输出结果为：

```
Name    Size    Bytes   Class
C       1x1     8       double array
R       1x1     126     sym object
S       1x1     140     sym object
V       1x1     144     sym object
Grand total is 23 elements using 418 bytes
```

6.4　微积分符号运算

随着微积分的广泛应用，微分运算与积分运算在许多科学计算和理论分析中已不可避免. MATLAB 符号运算可实现大部分初等函数的符号极限运算、符号微分运算和符号积分运算.

6.4.1　极限运算

limit(f,x,a)　　% 求 $\lim\limits_{x\to a} f(x)$

limit(f,a)　　% 求以系统默认变量为自变量的符号表达式 f 趋于 a 时的极限

limit(f)　　% 求以系统默认变量为自变量的符号

```
                                   表达式 f 趋于 0 时的极限
limit(f,x,a,'left')                % 求 lim_{x→a-} f(x)
limit(f,x,a,'right')               % 求 lim_{x→a+} f(x)
```

注:findsym 可帮助用户查找符号表达式中的符号变量. 其调用格式为 findsym(f,n),函数返回符号表达式 f 中的 n 个符号变量,若没有指定 n,则返回 f 中的全部符号变量.在求函数的极限、导数和积分时,如果用户没有明确指定自变量,MATLAB 将按缺省原则确定主变量并对其进行相应的微积分运算. 可用 findsym(f,1)查找系统的缺省变量,事实上,MATLAB 按离字符 'x' 最近原则确定缺省变量.

例 6.25 ①分析函数 $f(x)=x\sin\dfrac{1}{x}$ 当 $x\to 0$ 时的变化趋势.

编辑文件程序:

```
x=-1:0.001:1;
y=x.*sin(1./x);
plot(x,y,x,x,'r',x,-x,'r')
syms x
f=x*sin(1/x);
limit(f)
```

输出结果为:ans=0,其图形如图 6.11 所示.

②分析函数 $f(x)=x\cos x$ 当 $x\to\infty$ 时的变化趋势.

编辑文件程序:

```
x=-20*pi:0.1:20*pi;
y=x.*cos(x);
plot(x,y)
syms x
f=x*cos(x);
limit(f,inf)
```

输出结果为:ans=NaN,表示函数 $f(x)=x\cos x$ 当 $x\to\infty$ 时不存在极限.其

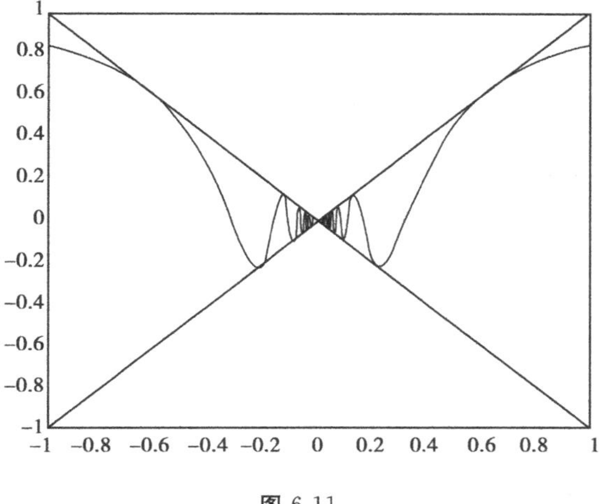

图 6.11

图形如图 6.12 所示.

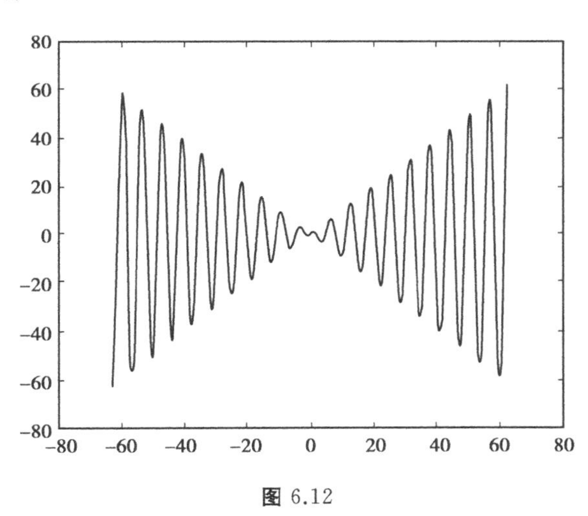

图 6.12

例 6.26　求迭代数列的极限. 设 $a_0=1, a_n=\sqrt{2a_{n-1}}$,考察数列 $\{a_n\}$ 的极限.

①编辑文件程序:

```
a0=1; a(1)=sqrt(2);
for k =2:100;
      a(k)=sqrt(2 * a(k-1));
end
```

```
x=1:100;y=a;
plot(x,y,'.')
```

输出结果如图 2.3 所示. 从图 6.13 中可知,数列 $\{a_n\}$ 随 n 的逐渐增大,a_n 逐渐趋近于 2.由此数学实验得出 $\{a_n\}$ 的极限为 2.

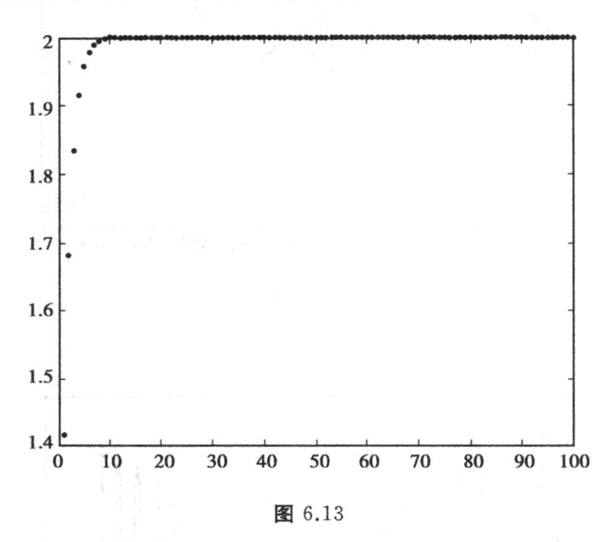

图 6.13

②由 $a_0=1, a_n=\sqrt{2a_{n-1}}$,不难推出一般项 $a_n=2^{1-\frac{1}{2n}}$,因此,可直接求其极限.

```
>> syms n
>> a=2^(1-1/2^n);
>> limit(a,n,inf)
```

输出结果为:ans = 2

6.4.2 微分运算

```
diff(f,x,n)          % 以 x 为自变量,对 f 求 n 阶导数
diff(f,x)            % 以 x 为自变量,对 f 求一阶导数
diff(f,n)            %以系统默认变量为自变量,对 f 求 n 阶导数
diff(f)              % 以系统默认变量为自变量,对 f 求一阶导数
```

例 6.27 画出 $f(x)=e^x$ 在点 $P(0,1)$ 处的切线及若干条割线,观察割线的变化趋势,理解导数的定义及几何意义.

编辑文件程序:

```
h=[3,2,1,0.5];                          % 在曲线上取不同的点M(h,e^h)
a=(exp(h)-1)./h;                        % 计算各条割线PM的斜率
x=-1:0.1:3;
plot(x,exp(x),'k')
hold on;
for i=1:4
  plot(x,a(i)*x+1,'g.')                 % 作出各条割线PM的图形
    plot(h(i),exp(h(i)),'r*')           % 作出各个点M
end
axis square
syms x
f=exp(x);
Df=diff(f);
Df0=subs(Df,x,0);
y=Df0*(x-0)+1;
ezplot(y)                               % 作出曲线在点P处的切线
```

输出图形如图 6.14 所示.

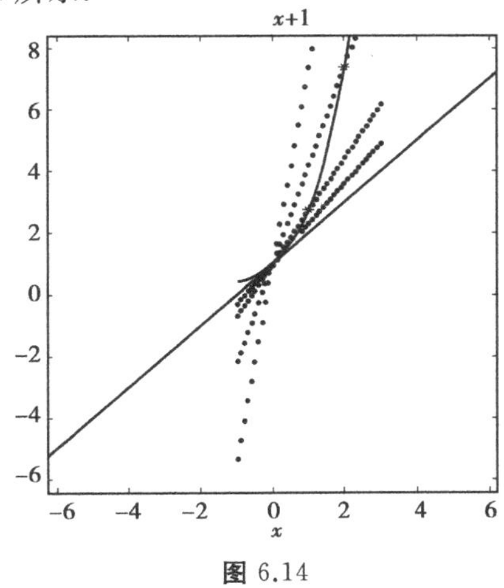

图 6.14

6.4.3 积分运算

```
int(s,x)                  % 求 f 对指定变量 x 的不定积分
int(s)                    % 求 f 对系统默认变量的不定积分
int(s,x,a,b)              % 求 f 对指定变量 x 在区间[a,b]上的定积分
int(s,a,b)                % 求 f 对系统默认变量在区间[a,b]上的定积分
```

例 6.28 求不定积分 $\int e^{ax}\sin bx\,dx$.

```
>> syms a b x
>> f=exp(a * x) * sin(b * x);
>> int(f)
>> F=simplify(ans)
```

输出结果为：

```
F =exp(a * x) * (-b * cos(b * x)+a * sin(b * x))/(a^2+b^2)
```

例 6.29 函数 $f(x)=e^{-0.2x}\sin(0.5x)dx, x \in [0,2\pi]$ 的图形是一条曲线段，求该曲线段绕 x 轴旋转一周形成的旋转曲面所围的面积.

编辑文件程序：

```
syms a x
f=exp(-0.2 * x) * sin(0.5 * x);
V=pi * int(f * f,0,2 * pi)
double(V)                 % 将符号表达式转换为数值数据
```

输出结果为：

```
V =125/116 * pi * (-1+exp(pi)^(4/5))/exp(pi)^(4/5)
ans = 3.1111
```

例 6.30 以几何图示演示，理解定积分 $\int_0^1 e^x dx$ 的概念，并计算近似值.

```
x=linspace(0,1,21);
y=exp(x);
```

```
y1=y(1:20);s1=sum(y1)/20            %取区间的左端点函数值乘以区间
                                     长度再求和
y2=y(2:21);s2=sum(y2)/20            %取区间的右端点函数值乘以区间
                                     长度再求和
plot(x,y,'r')
hold on;
for i=1:20
fill([x(i),x(i+1),x(i+1),x(i),x(i)],[0,0,y(i),y(i),0],'g')
                                    %以绿色填充图形
end
```

运行后可得到结果:s1 =　　1.6757

s2 =　　1.7616

其图形如图 6.15 所示.

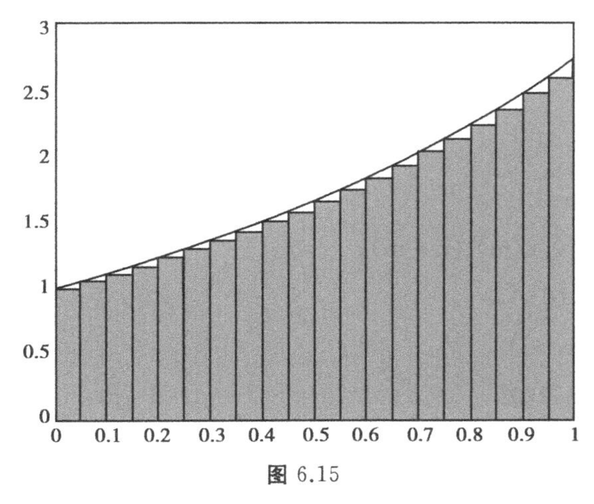

图 6.15

注:有些积分问题通过符号运算是无法解决的,这时就要考虑用数值计算. 数值计算 $\int_a^b f(x)\mathrm{d}x$ 的 MATLAB 命令使用格式为 quad(f,a,b). 使用 quad()计算积分的效率和精度比左矩形公式(右矩形公式)的方法要高. 精度更高的数值计算命令是 quadl(). 计算二重积分的数值计算命令为 dblquad(),但是它只适用于矩形区域上的积分.对非矩形区域上的积分则需要对积分变量作变换.

6.5 应用实例

6.5.1 实例1:经济学中的连续计息问题

(1)实验内容

某储户将人民币1 000元存入银行,复利率为每年10%,分别以按年计息和按连续复利计息,计算10年后的存款额.

(2)实验分析

由题意可知,如果按年计息 n 年后的存款为 $1\,000(1+10\%)^n$,而按连续复利计息 n 年后的存款为 $\lim\limits_{m\to\infty}1\,000\left(1+\frac{0.1}{m}\right)^{nm}$.

(3)实验程序

```
clear
syms n m
a=1000*1.1^n;
b=1000*(1+0.1/m)^(n*m);
a1=subs(a,n,10)
b1=limit(b,m,inf)
b2=subs(b1,n,10)
```

(4)实验结果

```
a1 = 2.5937e+003
b1 = 1000*exp(1/10*n)
b2 = 2.7183e+003
```

即按年计息10年后的存款额为人民币2 593.7元,而按连续复利计息10年后的存款额为人民币2 718.3元.

6.5.2　实例2：海报设计

(1)实验内容

现欲设计一张海报，它的印刷面积为128 dm^2，要求上下空白各2 dm，左右两边空白各1 dm.如何设计可使四周空白面积最小.

(2)实验分析

如图6.16所示，设海报印刷这部分上下长度为 x dm，左右宽为 y dm，空白部分的面积为 S dm^2，由题意可得，$xy=128$，$S=2x+4y+2\times4$.本题即求 x，y，使得 S 最小. 可先由 $xy=128$ 解出 y，再代入 S，得到一个关于 x 的函数式，求使其导数为零的点即可.

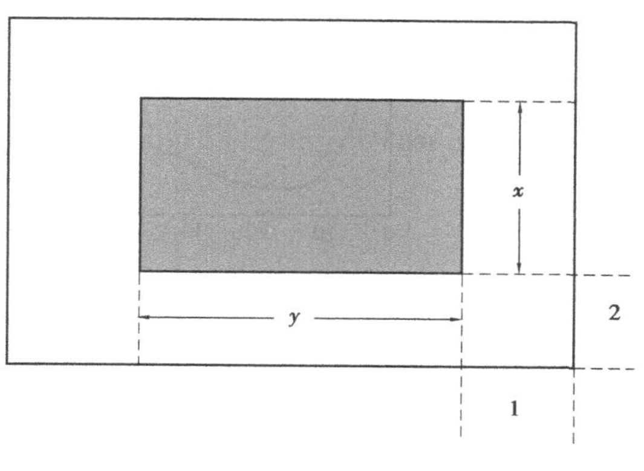

图6.16

(3)实验程序

```
syms x y
S=2*x+4*y+2*4;
Sx=subs(S,y,128/x);
figure (1),ezplot(Sx,[0,100])
DS=diff(Sx);
figure (2),ezplot(DS,[0,100])
```

输出图形如图6.17、图6.18所示.

```
>> fzero('2-512/x^2',10)
```

求导函数在 $x=10$ 附近的零点

(4)实验结果

```
ans = 16
```

因此，海报印刷部分的上下长度为16 dm，左右长度为8 dm时，可使得空白面积最小.

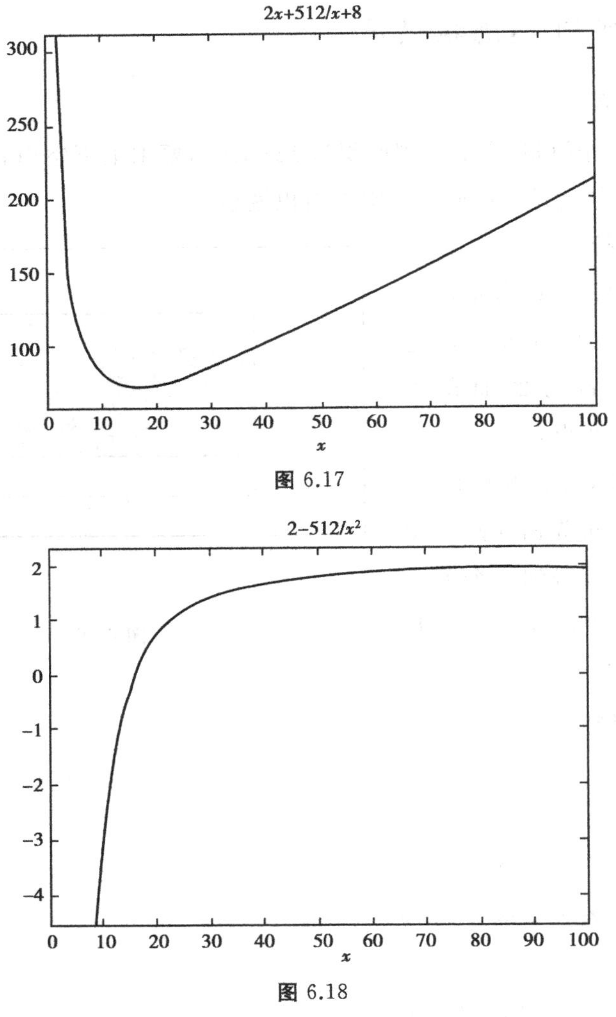

图 6.17

图 6.18

注:在计算中,通常可用 fminbnd(f,a,b)求函数 f 在区间[a,b]上的极小值.因此,本题可利用 fminbnd('2 * x+512/x+8',5,20)求得结果 16.对多元函数求极小值可用命令函数 fminsearch,它的使用格式可在命令窗口中输入命令 help fminsearch 来进行.

6.5.3　实例3:钓鱼问题

(1)实验内容

某度假村新建一个鱼塘,该鱼塘的平面图如图6.19所示.它关于 x 轴对称.度假村经理打算在钓鱼季节来临之际前将鱼放入鱼塘,计划按每3 m^2 放入一条鱼的比例投放.如果一张钓鱼证可钓20条鱼,要求在钓鱼季节结束时所剩的鱼是开始的25%,试问:最多可以卖出多少张钓鱼证.

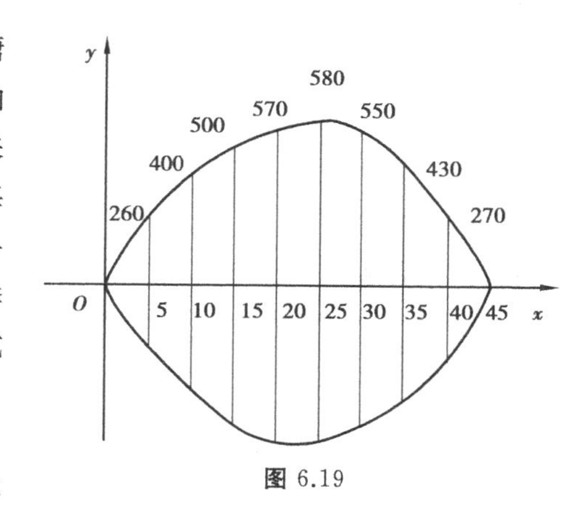

图6.19

(2)实验分析

先要求出鱼塘的平面面积 S.事实上,鱼塘面积的求解即是一个定积分的过程.至于鱼塘边缘的曲线表达式,可通过拟合来得到.若设鱼塘体积为 V,则 $V=6S$.设最多可卖出 x 张钓鱼证,由题意可得 $V/3(1-25\%)=20x$,解得

$$x=\frac{1}{20}\cdot\frac{V}{3}(1-25\%)$$

(3)实验程序

```
clear all
X=[0:5:45]';
Y=[0,260,400,500,570,580,550,430,270,0]';
p=polyfit(X,Y,3);                       % 利用X,Y中存放的数据进
                                          行3次拟合
syms x
y=p(1)*x^3+p(2)*x^2+p(3)*x+p(4);  % 给出3次拟合函数
s=int(y,0,45);
double((1/3)*(2*s*6)*(1-0.25)/20)
```

(4)实验结果

```
ans =2.6914e+003
```

即钓鱼证的最大个数为2 691个.

附录Ⅰ　MATLAB 主要函数指令表（按功能分类）

(1)常用指令

1)通用信息查询

demo	演示程序
help	在线帮助指令
helpwin	打开在线帮助窗

2)工作空间管理

clear	从内存中清除变量和函数
exit	关闭 MATLAB
load	从磁盘中调入数据变量
quit	退出 MATLAB
save	把内存变量存入磁盘
who	列出工作内存中的变量名
whos	列出工作内存中的变量细节
workspace	工作内存浏览器

3)管理指令和函数

edit	打开程序编辑器,编写或修改 M 文件
open	打开文件
what	列出当前目录上的 M、MAT、MEX 文件
which	确定指定函数和文件的位置

(2)运算符

1)算术运算符

+	加	\	反斜杠或左除
−	减	/	右除
*	矩阵乘	.*	矩阵点乘
^	矩阵乘方	.^	矩阵点幂
./或.\	矩阵点除		

2)关系运算符

==	等号
~=	不等号
<	小于
>	大于
<=	小于或等于
>=	大于或等于

3)逻辑运算符

&	逻辑与
		逻辑或
~	逻辑非

(3)编程语言结构

1)控制语句

break	终止最内循环
case	同 switch 一起使用
catch	同 try 一起使用
continue	将控制转交给外层的 for 或 while 循环
else	同 if 一起使用

续表

elseif	同 if 一起使用
end	结束 for,while,if 语句
for	按规定次数重复执行语句
if	条件执行语句
otherwise	可同 switch 一起使用
return	返回
switch	多个条件分支
try	try-cathch 结构
while	不确定次数重复执行语句

2)脚本文件、函数及变量

exist	检查变量或函数是否被定义
function	函数文件头
global	定义全局变量
isglobal	若是全局变量则为真
iskeyword	若是关键字则为真
mfilename	正在执行的 M 文件的名字
persistent	定义永久变量
script	MATLAB 命令文件

3)信息显示

disp	显示矩阵和文字内容
display	显示矩阵和文字内容的重载函数
error	显示错误信息
fprintf	把格式化数据写到文件或屏幕
sprintf	按格式把数字转换为串
warning	显示警告信息

(4)基本数学函数

sin	正弦	asin	反正弦
cos	余弦	acos	反余弦
tan	正切	atan	反正切
exp	指数	log	自然对数
log 10	常用对数	log2	以 2 为底的对数
nestpow2	最近邻的 2 的幂	pow2	2 的幂
sqrt	平方根		

(5)绘图

1)绘图命令

ezcontour	画等位线
ezcontourf	画填色等位线
ezmesh	绘制网格图
ezmeshc	绘制含等高线的网格图
ezplot	绘制曲线

2)轴控制

axes	创建轴
axis	轴的刻度和表现
box	坐标形式在封闭式和开启词式之间切换
Grid	画坐标网格线
Hold	图形的保持
Subplot	创建子图
Zoom	二维图形的变焦放大

3)图形注释

gtext	用鼠标在图上标注文字
legend	图例说明
plotedit	图形编辑工具
text	在图上标注文字
texlabel	将字符串转换为 Tex 格式
title	图形标题
xlabel	x 轴名标注
ylabel	y 轴名标注

4)色图

autumn	红、黄浓淡色
bone	蓝色调灰度图
colorcube	三浓淡多彩交错色
cool	青和品红浓淡色图
copper	线性变化纯铜色调图
flag	红-白-蓝黑交错色图
gray	线性灰度
hot	黑-红-黄-白交错色图
hsv	饱和色彩图
jet	变异 HSV 色图
lines	采用 plot 绘线色
pink	淡粉红色图
prism	光谱色图
spring	青、黄浓淡色
summer	绿、黄浓淡色
vga	16 色
white	全白色
winter	蓝、绿浓淡色

5)视角控制

rotate3d	旋动三维图形
view	设定 3-D 图形观测点
viewmtx	观测点转换矩阵

(6)特殊图形

1)特殊平面图形

area	面域图
bar	直方图
barh	水平直方图
comet	彗星状轨迹图
compass	从原点出发的复数向量图
errorbar	误差棒棒图
ezplot	画二维曲线
ezpolar	画极坐标曲线
feather	从 x 轴出发的复数向量图
fill	多边填色图
fplot	函数曲线图
hist	统计频数直方图
pareto	Pareto 图
pie	饼形统计图
plotmatrix	散点图阵列
scatter	散点图
stairs	阶梯形曲线图
stem	火柴杆图

2)时间和日期

clock	时钟
cputme	MATLAB 战用 CPU 时间
date	日期
etime	用 CLOCK 计算的时间
now	当前时钟和日期
pause	暂停
Tic	秒表启动
toc	秒表终止和显示

(7)符号工具包

1)微积分

diff	求导数
limit	求极限
int	计算积分
jacobian	Jacobian 矩阵
symsum	符号序列的求和
trylor	Trylor 级数

2)化简

collect	合并同类项
expand	对指定项展开
factor	进行因式或因子分解
horner	转换成嵌套形式
numden	提取公因式
simple	运用各种指令化简符号表达式
simplify	恒等式简化
subexpr	运用符号变量置换子表达式
subs	通用置换指令

3)数值积分

dblquad	二重(闭型)数值积分指令
quad	低阶法数值积分
quadl	高阶法数值积分

附录Ⅱ　部分习题参考答案

第1章

习题1.1

1.(1)$[-1,1)$　(2)$[0,2]$

2.(1)A　(2)C　(3)A　(4)C　(5)B　(6)A

3.$f[g(x)]=3^{x^3}, x\in\mathbf{R}$;$g[f(x)]=(3^x)^3, x\in\mathbf{R}$

4.(1)$y=\cos u, u=1-2x$

(2)$y=\sqrt{u}, u=\sin u, u=x^2+1$

5.$f(2013)=1$

6.定义域为$[0,4]$,图像略

习题1.2

1.(1)2　(2)1

2.(1)B　(2)A　(3)D　(4)A

3.不存在

4.$b=\mathrm{e}-1$

习题1.3

1.(1)9　(2)0　(3)6　(4)3

2.(1)2　(2)$\frac{1}{5}$　(3)-1　(4)2　(5)$\frac{1}{2}$　(6)1

3.$k=-8$

习题1.4

1.(1)3　(2)5　(3)e　(4)e^{-3}

2.(1)B　(2)D

3.(1)0　(2)1　(3)0　(4)π

4.(1)e^{-1}　(2)e^{-1}　(3)1　(4)e^{-1}

5.提示：$\frac{n}{\sqrt{n^2+n}}<\frac{1}{\sqrt{n^2+1}}+\frac{1}{\sqrt{n^2+2}}+\cdots+\frac{1}{\sqrt{n^2+n}}<\frac{n}{\sqrt{n^2+1}}$

习题 1.5

1.(1)水平，$y=0$　(2)$x=2$　(3)等价　(4)低　(5)$x\to+\infty$　(6)$\frac{3}{5}$

(7)$\frac{1}{6}$　(8)$-\frac{1}{2}$　(9)0

2.(1)A　(2)D　(3)C

3.(1)$-\frac{1}{2}$　(2)2　(3)$\frac{1}{x}$　(4)$-\frac{2}{3}$　(5)e^a

习题 1.6

1.(1)必要　(2)一，二

2.(1)连续　(2)连续

3.(1)1　(2)0　(3)$-\ln 2$

4.略

5.$a=1$

单元检测 1

1.(1)$f(x)=x^2-1$　(2)$a=1$　(3)等价　(4)$(-\infty,-1)\cup(-1,1)\cup(1,+\infty)$

(5)充分　(6)必要

2.(1)B　(2)D　(3)B

3.(1)$(-\infty,0)\cup(0,+\infty)$　(2)$(-\infty,+\infty)$

4.略

第 2 章

习题 2.1

1.(1)$-f'(x_0)$　(2)-2　(3)$(-1,-1),(1,1)$

2.(1)$5x^4$　(2)$\frac{7}{2}x^{\frac{5}{2}}$　(3)$-\frac{1}{2}x^{\frac{3}{2}}$　(4)$1.8x^{0.8}$

3.切线方程为 $x-y+1=0$;

法线方程为 $x+y-1=0$

4.$a=2,b=-1$

5.略

习题 2.2

1.(1)-6　(2)0　(3)2　(4)$(1+\cos x)\cos(x+\sin x)$　(5)0

2.(1)$x(2\cos x-x\sin x)$　(2)$\frac{(\sin x+\cos x)(1+\tan x)-x\sin x\sec^2 x}{(1+\tan x^2)}$

(3)$2^{\frac{x}{\ln x}}\cdot\ln 2\cdot\frac{\ln x-1}{\ln^2 x}$　(4)$\frac{2x+1}{(x^2+x+1)\ln a}$　(5)$\csc x$

(6)$\arcsin(\ln x)+\frac{1}{\sqrt{1-\ln^2 x}}$　(7)$\frac{e^{\arctan\sqrt{x}}}{2\sqrt{x}(1+x)}$　(8)$\frac{1}{x\ln x\ln(\ln x)}$

(9)$\arccos x$

3.(1)$2xe^{x^2}f'(e^{x^2})$　(2)$\sin 2x[f'(\sin^2 x)-f'(\cos^2 x)]$

4.$\frac{f(x)f'(x)+g(x)g'(x)}{\sqrt{f^2(x)+g^2(x)}}$

5$\left(1,\frac{1}{e}\right),y=\frac{1}{e}$

6.法线方程为 $2y+x-2=0,d=\frac{2\sqrt{5}}{5}$

习题 2.3

1.(1)$\frac{\cos(x+y)}{1-\cos(x+y)}$　(2)$\frac{4}{3}$　(3)$x^x(\ln x+1)$

2.(1) $\frac{y-xy}{xy-x}$ (2) $\frac{x+y}{x-y}$ (3) $\frac{2x^3y}{y^2+1}$ (4) $y=-\csc^2(x+y)$ (5) $\frac{xy\ln y-y^2}{xy\ln y-x^2}$

(6) $\frac{\cos y-\cos(x+y)}{\cos(x+y)x\sin y}$

3.(1) $\frac{1}{3}\sqrt[3]{\frac{x(x^2+1)}{(x^2-1)^2}}\left(\frac{1}{x}+\frac{2x}{x^2+1}-\frac{4x}{x^2-1}\right)$

(2) $\frac{1}{2}\sqrt{x\sin x\cdot\sqrt{1-e^x}}\left[\frac{1}{x}+\cot x-\frac{e^x}{2(1-e^x)}\right]$

4.-1

5.$x+y-\frac{\sqrt{2}}{2}a=0$

习题 2.4

1.(1) $e^{x^2}(6x+4x^3)$ (2) $-(2\sin x+x\cos x)$ (3) $\frac{2x^3-6x}{(1+x^2)^3}$ (4) $\frac{e^{2y}(3-y)}{2-y}$

(5) $-\frac{b}{a^2}\csc^3 t$ (6) $\frac{2(3t^2+3t-1)}{(1+2t)^3}$

2.$\frac{\sin 2-2\cos 2}{e^2}$

3.略

4.(1) $2^n\cdot n!$ (2) $3^{2x+1}2^n\ln^n 3$

(3) $2^ne^{2x}+(-1)^ne^{-x}$ (4) $2^{n-1}\sin\left[2x+(n-1)\frac{\pi}{2}\right]$ $(n\in N)$

(5) $\frac{(-1)^{n-1}2^n(n-1)!}{(1+2x)^n}$ (6) $(-1)^n\cdot n!\left[\frac{1}{(x-2)^{n+1}}-\frac{1}{(x-1)^{n+1}}\right]$

习题 2.5

1.(1) $\frac{1}{2}dx$ (2)0.03 (3) $\ln x+C$, $\tan x+C$, $-\frac{1}{2}e^{-2x}+C$ (4) $-2xf'(-x^2)dx$

(5)0.003, 2.745

2.(1) $(\sin 2x+2x\cos 2x)dx$ (2) $2xe^{2x}(1+x)dx$ (3) $2\ln 5\csc 2x\cdot 5^{\ln\tan x}dx$

(4) $\frac{1}{2\sqrt{x-x^2}}dx$ (5) $\frac{2x\sec^2(x^2-1)}{\tan(x^2-1)\ln 2}dx$ (6) $\arccos x\,dx$

(7) $\dfrac{1+\dfrac{1+\dfrac{1}{2+\sqrt{x}}}{2\sqrt{x+\sqrt{x}}}}{\sqrt{x+\sqrt{x+\sqrt{x}}}}\mathrm{d}x$ (8) $\dfrac{1}{1+x^2}$ (9) $-\dfrac{1+y\sin(xy)}{1+x\sin(xy)}\mathrm{d}x$ (10) $\dfrac{4x^3y}{2y^2+1}\mathrm{d}x$

3.略

习题 2.6

$c'(100)=1.9$，$\dfrac{c(100)}{100}=9.4$，$c'(100)<\dfrac{c(100)}{100}$，因此，要增加产量以降低单件产品的成本

单元检测 2

1.(1)3 (2)8 (3)π^2 (4)$-\csc^2 x$ (5)$\mathrm{e}^{f(x)}f'(x)\mathrm{d}x$

2.(1)C (2)D (3)A (4)B (5)C

3.(1)$\cos x\ln x^2+\dfrac{2\sin x}{x}$ (2)$\dfrac{1-\sqrt{1-x^2}}{x^2\sqrt{1-x^2}}$

(3)$(1+x^2)^{\sin x}\left[\cos x\ln(1+x^2)+\dfrac{2x\sin x}{1+x^2}\right]$

(4)$\dfrac{\sqrt{x+2}(3-x)^4}{x^3(x+1)^5}\left[\dfrac{1}{2(x+2)}+\dfrac{4}{x-3}-\dfrac{3}{x}-\dfrac{5}{x+1}\right]$ (5)$\dfrac{1+\mathrm{e}^y}{2y-x\mathrm{e}^y}$

4.2.09

5.(3,1)

6.0.25 m^2/s 0.004 m/s

第 3 章

习题 3.1

1.$\xi=\pm1$

2.$\dfrac{\pi}{2}$

3.略

4.略

5.略

习题 3.2

1.(1)D　(2)C

2.(1)2　(2)1　(3)2　(4)-1　(5)3　(6)1　(7)$\frac{1}{2}$　(8)$\frac{1}{2}$　(9)$e^{-\frac{2}{\pi}}$　(10)1

习题 3.3

1.(1)$(-\infty,-1]$,$[3,+\infty)$　(2)$a=-2$,$b=4$　(3)80;-5

2.(1)单调增区间$(-\infty,-1]$,$[3,+\infty)$,单调减区间$(-1,3)$;极大值 $f(-1)=\frac{32}{3}$,极小值 $f(3)=0$

(2)单调增区间$[0,+\infty)$,单调减区间$[-1,0]$;极小值 $f(0)=0$

(3)单调增区间$(0,2)$,单调减区间$(-\infty,0)$,$(2,+\infty)$;极大值 $f(2)=4e^{-2}$,极小值 $f(0)=0$

(4)单调增区间$(-\infty,0]$,$[1,+\infty)$,单调减区间$(0,1)$;极大值 $f(0)=0$,极小值 $f(1)=-\frac{1}{2}$

3.略

4.$r=\sqrt[3]{\frac{v}{2\pi}}$,$h=2\cdot\sqrt[3]{\frac{v}{2\pi}}$

5.点$(2,3)$

习题 3.4

1.(1)B　(2)D　(3)C

2.(1)凸区间$\left(-\infty,\frac{1}{2}\right)$,凹区间$\left(\frac{1}{2},+\infty\right)$;拐点$\left(\frac{1}{2},-\frac{13}{12}\right)$

(2)凸区间$(-\infty,-1)$,$(0,1)$,凹区间$(-1,0)$,$(1,+\infty)$;拐点$(0,0)$

(3)凸区间$(0,1)$,凹区间$(1,+\infty)$;拐点$(1,-7)$

(4)凸区间$(-\infty,-1)$,$(1,+\infty)$,凹区间$(-1,1)$;拐点$(\pm 1,\ln 2)$

3.略

单元检测3

1.(1)D (2)B (3)A

2.(1)$\frac{\pi^2}{4}$ (2)0 (3)$-\frac{1}{2}$ (4)e (5)$e^{-\frac{\pi}{2}}$ (6)1

3.(1)单调增区间$\left[0,\frac{\pi}{4}\right]$,$\left[\frac{5\pi}{4},2\pi\right]$,单调减区间$\left[\frac{\pi}{4},\frac{5\pi}{4}\right]$,极大值$y\Big|_{x=\frac{\pi}{4}}=\frac{1}{\sqrt{2}}e^{-\frac{\pi}{4}}$;

极小值$y\Big|_{x=\frac{5\pi}{4}}=-\frac{1}{\sqrt{2}}e^{-\frac{5\pi}{4}}$;凸区间$\left[0,\frac{\pi}{2}\right]$,$\left[\frac{3\pi}{2},2\pi\right]$,凹区间$\left[\frac{\pi}{2},\frac{3\pi}{2}\right]$,拐点$\left(\frac{\pi}{2},e^{-\frac{\pi}{2}}\right)$,$\left(\frac{3\pi}{2},-e^{-\frac{3\pi}{2}}\right)$

(2)单调增区间$(-\infty,0]$,单调减区间$[0,+\infty)$,极大值$y\Big|_{x=0}=-1$;凸区间$[-\infty,+\infty]$

(3)单调增区间$\left[0,\frac{12}{5}\right]$,单调减区间$(-\infty,0)$,$\left[\frac{12}{5},+\infty\right]$,极大值$y\Big|_{x=\frac{12}{5}}=\frac{1}{24}$;凸区间$(-\infty,0)$,$\left[0,\frac{18}{5}\right]$,凹区间$\left[\frac{18}{5},+\infty\right]$,拐点$\left[\frac{18}{5},-\frac{12}{27}\right]$

(4)函数为单调减少;凸区间$(-\infty,0)$,凹区间$[0,+\infty)$,拐点$\left(0,\frac{\pi}{4}\right)$

(5)单调增区间$\left(-\infty,-\frac{\sqrt{2}}{4}\right)$,$\left(\frac{\sqrt{2}}{4},+\infty\right)$,单调减区间$\left(-\frac{\sqrt{2}}{4},\frac{\sqrt{2}}{4}\right)$,极大值$y\Big|_{x=-\frac{\sqrt{2}}{4}}=\frac{\sqrt{2}}{3}$,极小值$y\Big|_{x=\frac{\sqrt{2}}{4}}=-\frac{\sqrt{2}}{3}$;凸区间$(-\infty,0)$,凹区间$(0,+\infty)$,拐点$(0,0)$

4.略

5.略

第 4 章

习题 4.1

1.(1)D (2)D

2.$y=\ln|x|+1$

3.$f(x)=x+\dfrac{x^3}{3}+1$

4.(1)$\dfrac{1}{3}x^3+2x^{\frac{3}{2}}+x\ln 2+C$ (2)$x-\arctan x+C$

(3)$u-2\ln|u|-\dfrac{1}{u}+C$ (4)$3\ln|x|-\dfrac{5}{2x^2}+C$

(5)$\dfrac{x^3}{3}+\dfrac{2^x}{\ln 2}+2\ln|x|+C$ (6)$a^{\frac{4}{3}}x-\dfrac{6}{5}a^{\frac{2}{3}}x^{\frac{5}{3}}+\dfrac{3}{7}x^{\frac{7}{3}}+C$

(7)$3e^x-x+C$ (8)$-\dfrac{\cos x}{2}-\cot x+C$

(9)$\sin x-\cos x+C$ (10)$\tan x-\sec x+C$

(11)$e^{x+2}+C$ (12)$\dfrac{(9e^x)^x}{1+\ln 9}+C$

5.(1)27 m (2)$\sqrt[3]{360}$ s

6.$C(x)=x^2+10x+20$

习题 4.2

1.(1)$\dfrac{1}{a}$ (2)$-\dfrac{1}{3}$ (3)$\dfrac{1}{4}$ (4)$-\dfrac{1}{x}+C$ (5)-1 (6)$\dfrac{1}{2}x^2,\dfrac{1}{2}$

(7)$-\dfrac{1}{2}$ (8)2 (9)$\ln|x|+C$ (10)$\ln x,\dfrac{1}{2}\ln x^2+C$ (11)$2\sqrt{x}+C$

(12)$-\dfrac{2}{3}$ (13)$-\dfrac{1}{3}$ (14)1 (15)$\dfrac{1}{2}$ (16)$\tan x+C$

2.(1)$-\dfrac{1}{3}\cos 3x+C$ (2)$-\dfrac{1}{3}(1-2x)^{\frac{3}{2}}+C$ (3)$\ln|1+x|+C$

(4)$\frac{1}{2}(\arctan x)^2+C$　(5)$-\frac{1}{30}(1-3x)^{10}+C$　(6)$\ln|\arcsin x|+C$

(7)$\frac{1}{3}\ln|1+x^3|+C$　(8)$\frac{1}{1-x}+C$　(9)$\frac{1}{2}\ln(1+e^{2x})+C$

(10)$\frac{1}{2}\arcsin\frac{2}{3}x+C$　(11)$-\cot x-\csc x+C$　(12)$-\frac{1}{2}e^{-x^2}+C$

(13)$-\ln(1+\cos x)+C$　(14)$-\sin\frac{1}{x}+C$

(15)$\frac{1}{2}\ln|x^2+3x+4|+\frac{1}{\sqrt{7}}\arctan\frac{2x+3}{\sqrt{7}}+C$

(16)$-\sqrt{1-2x-x^2}-2\arcsin\frac{x+1}{\sqrt{2}}+C$

3.(1)$2(\sqrt{x}-\arctan\sqrt{x})+C$

(2)$-3\sqrt[3]{(2-x)^2}\left[2-\frac{4}{5}(2-x)+\frac{1}{8}(2-x)^2\right]+C$

(3)$\ln\left|\frac{1}{x}-\frac{\sqrt{1-x^2}}{x}\right|+\sqrt{1-x^2}+C$

(4)$\frac{25}{16}\arcsin\frac{2x}{5}-\frac{x}{8}\sqrt{25-4x^2}+C$

(5)$-\frac{\sqrt{x^2+1}}{x}+C$

(6)$\ln\left|x+\sqrt{x^2-1}\right|+C$

(7)$\frac{x}{4\sqrt{x^2+4}}+C$

(8)$\frac{1+x}{2}\sqrt{1-2x-x^2}+2\arcsin\frac{1+x}{\sqrt{2}}+C$

(9)$\frac{2x-1}{10(3-x)^6}+C$

(10)$\frac{1}{\sqrt{2}}\ln(\sqrt{2}x+\sqrt{1+2x^2})+C$

习题 4.3

(1) $-e^{-x}(x+1)+C$

(2) $\frac{x^3}{9}(3\ln x-1)+C$

(3) $x\arcsin x+\sqrt{1-x^2}+C$

(4) $-\frac{1}{2}x\cos 2x+\frac{1}{4}\sin 2x+C$

(5) $\frac{5^x}{\ln 5}\left(x-1-\frac{1}{\ln 5}\right)+C$

(6) $\frac{1}{2}e^x(\cos x+\sin x)+C$

(7) $\frac{x}{2}[\sin(\ln x)-\cos(\ln x)]+C$

(8) $(x+1)\arctan\sqrt{x}-\sqrt{x}+C$

(9) $-e^{-x}\arctan e^x+x-\frac{1}{2}\ln(1+e^{2x})+C$

(10) $\frac{1}{2}x^2\left(\ln^2 x-\ln x+\frac{1}{2}\right)+C$

单元检测 4

1.(1) $-\frac{1}{2}\cos 2x+C$　(2) $x+C$　(3) $-F\left(\frac{1}{x}\right)+C$　(4) $(x+1)e^{-x}+C$

(5) $\frac{1}{3}x^3+C$

2.(1)A　(2)C　(3)D　(4)B　(5)C

3.(1) $-2\sqrt{x+1}\cos\sqrt{x+1}+2\sin\sqrt{x+1}+C$　(2) $x\tan x+\ln|\cos x|-\frac{x^2}{2}+C$

(3) $\frac{1}{10}(x^3+1)^{20}+C$　(4) $\frac{1}{2}\ln(1+x^2)+\frac{1}{3}(\arctan x)^3+C$

(5) $x\ln|x+1|-x+\ln|x+1|+C$　(6) $\tan x-x-\ln|\cos x|+C$ (7) $\ln|x-\sin x|+C$

(8) $-\frac{x}{2\sin^2 x}-\frac{\cot x}{2}+C$

第 5 章

习题 5.1

1.(1) $\lim\limits_{\lambda\to 0}\sum\limits_{i=1}^{n}f(\xi_i)\Delta x_i$

(2)介于曲线 $y=f(x)$，x 轴，直线 $x=a$，$x=b$ 之间的各部分面积的代数和

(3) $m(b-a)\leqslant\int_a^b f(x)\mathrm{d}x\leqslant M(b-a)$　(4) $\int_a^b f(x)\mathrm{d}x=-\int_b^a f(x)\mathrm{d}x$

2.(1)＞　(2)＞　(3)＞　(4)＞

3.(1) $\int_0^1(x^2+1)\mathrm{d}x$　(2) $\int_1^{\mathrm{e}}\ln x\,\mathrm{d}x$

(3) $\int_0^2 x\,\mathrm{d}x-\int_0^1(x-x^2)\mathrm{d}x$　(4) $\int_0^1 2\sqrt{x}\,\mathrm{d}x+\int_1^4(\sqrt{x}-x+2)\mathrm{d}x$

习题 5.2

1.(1) e^{-x^2}　(2) $-\frac{1}{2}\sqrt{\frac{1}{x}+1}$　(3) $\frac{5}{6}$　(4)1

2.(1) $2\frac{5}{8}$　(2) $\frac{\pi}{3}$　(3) $\frac{\pi}{4}+1$　(4)4

3.(1)2　(2) $\frac{\pi^2}{4}$

习题 5.3

1.(1)0　(2) $\frac{\pi}{2}$　(3)0　(4) $1-\frac{2}{\mathrm{e}}$　(5) $\frac{\pi}{4}-\frac{1}{2}$

2.(1) $\frac{1}{4}$　(2) $\sqrt{2}-\frac{2\sqrt{3}}{3}$　(3) $\frac{38}{15}$　(4) $2\sqrt{2}$

3.(1) π　(2)1　(3) $\frac{1}{4}(\mathrm{e}^2-3)$　(4) $\frac{\pi}{2}-1$

习题 5.4

1.(1)1　(2) $\frac{22}{3}$　(3) y　(4) $\pi\int_a^b f^2(x)\mathrm{d}x$，$2\pi\int_a^b xf(x)\mathrm{d}x$

2. $\frac{1}{2}\pi^2$

3. $\frac{9}{4}$

单元检测 5

1. (1) 0　(2) 2　(3) $\frac{\pi}{8}$　(4) $2x^3\sqrt[3]{1+x^4}$　(5) $b-a-1$

2. (1) A　(2) B　(3) D　(4) D　(5) A　(6) C　(7) D

3. (1) $1-\ln(2e+1)+\ln 3$　(2) $\frac{1}{2}\ln 2$　(3) $2(2-\ln 3)$　(4) $\frac{\pi}{3\sqrt{3}}$

   (5) $\frac{1}{4}+\ln 2$　(6) $\frac{\pi^3}{6}-\frac{\pi}{4}$　(7) $2(\sqrt{2}-1)$　(8) $\frac{3}{5}(e^{\pi}-1)$

4. $\frac{5}{12}$

5. (1) $\frac{e}{2}-1$　(2) $\frac{\pi}{6}(5e^2-12e+3)$

参考文献

[1] 刘增玉，李秋敏.高等数学[M].天津：天津科技出版社，2009.

[2] 傅英定，谢云荪.微积分[M].2 版.北京：高等教育出版社，2009.

[3] 同济大学数学系.高等数学[M].5 版.北京：高等教育出版社，2002.

[4] 张杰明.经济数学[M].北京：清华大学出版社，2007.

[5] 王雪标，王拉娣，聂高辉.微积分[M].北京：高等教育出版社，2006.

[6] 贾晓峰.微积分与数学模型[M].2 版.北京：高等教育出版社，2008.

[7] 赵树嫄.微积分[M].3 版.北京：中国人民大学出版社，2007.

[8] 赵家国，彭年斌.微积分[M].北京：高等教育出版社，2010.

[9] 姜启源.数学模型[M].4 版.北京：高等教育出版社，2011.

[10] 牟谷芳.数学实验[M].北京：高等教育出版社，2012.

[11] 钟尔杰，傅英定.数学实验讲义[M].北京：电子科技大学应用数学学院，2009.

[12] 牟谷芳，陈骑兵，等.高等数学——数学实验[M].长春：吉林大学出版社，2010.

[13] 郑阿奇.MATLAB 实用教程[M].2 版.北京：电子工业出版社，2007.

[14] 李宏艳，王雅芝.数学实验[M].2 版.北京：清华大学出版社，2007.

[15] 魏贵民，郭科.理工数学实验[M].北京：高等教育出版社，2003.

[16] 章栋恩，许晓革. 高等数学实验[M].北京：高等教育出版社，2004.

[17] 蔡光兴，金裕红. 大学数学实验[M].北京：科学出版社，2007.

[18] 李尚志，陈发来，张韵华，等. 数学实验[M].2 版.北京：高等教育出版社，2004.

[19] 赵静，但琦. 数学建模与数学实验[M].3 版.北京：高等教育出版社，2008.

[20] 郭科. 数学实验——高等数学分册[M].北京：高等教育出版社，2010.

[21] 王中群. MATLAB 建模与仿真应用[M]. 北京：机械工业出版社，2010.

[22] 陈超，MATLAB 应用实例精讲[M].北京：电子工业出版社，2010.